臺味

——从番薯糜到红蟳米糕

陈静宜◎著

生活·讀書·新知 三联书店

图书在版编目（CIP）数据

台味：从番薯糜到红蟳米糕 / 陈静宜著 . ——北京：
生活·读书·新知三联书店，2013.5
ISBN 978-7-108-04317-7

Ⅰ . ①台… Ⅱ . ①陈… Ⅲ . ①饮食－文化－台湾省
Ⅳ . ① TS971

中国版本图书馆 CIP 数据核字 (2012) 第 250798 号

责任编辑　王　竞
装帧设计　蔡立国
责任印制　郝德华
出版发行　生活·讀書·新知 三联书店
　　　　　（北京市东城区美术馆东街 22 号）
邮　　编　100010
经　　销　新华书店
印　　刷　北京瑞禾彩色印刷有限公司
版　　次　2013 年 5 月北京第 1 版
　　　　　2013 年 5 月北京第 1 次印刷
开　　本　880 毫米 ×1230 毫米　1 / 32　印张 6.25
字　　数　140 千字　图 195 幅
印　　数　0,001－8,000 册
定　　价　32.00 元

目　录

前言　台菜的寻根之旅

　　到了台菜餐厅翻开菜单，看到琳琅满目的菜名，你知道这些菜与台湾有何连结吗？这些菜多半不是台湾原创，却在台湾有了自己的生命。

　　很多菜都是这样的。海南鸡饭从中国传到了新加坡，经文华酒店名厨改良，成了到新加坡必吃名菜。传说马可·波罗把中国面条带回了意大利，现在几乎世界各地都认识意大利面。源自于法国布列塔尼的croquette，传到日本后成为知名的"可乐饼"；葡萄牙人把蛋塔带到了澳门，现在所有到澳门的游客，没有人不吃个玛嘉烈或安德鲁蛋塔再走的。

　　食物是流动的，菜色也是流动的，随着时空更替而有了不同版本。移动它的是人，它到了谁的手上，谁就用自己的方式出牌。

　　台湾因为疆域不大，加上气候变化不明显，饮食未有鲜明差异，台北吃得到臭豆腐，台南、高雄也吃得到，几乎每个夜市摊子都差不多。但细看仍有不同之处，这也就是看门道的部分了。

　　浊水溪是台湾最长的河川，它恰巧位于台湾中部，因此多数人

会以浊水溪将台湾一划为二，以北称为"北部"、以南称为"南部"，这是地理上很巧妙的分界，其分野与北回归线的分界相差不远。北回归线同样横切台湾为南北两半，北部属副热带季风气候，南部则为热带季风气候。更精准地说，台湾中间有南北纵贯的中央山脉，因此中央山脉以西称为西部，以东称为东部，花莲、台东即使位于浊水溪以南，也不算南部，而被归类为"东部"。

"南部"泛指浊水溪以南、中央山脉以西的区块，"北部"则指浊水溪以北到基隆以南。简单来说，这南部与北部的定义，就是爱比较的西部人搞出来的，听起来似乎有些复杂，不过这关系到之后会提到的"南部人"与"北部人"，因此在此特别说明。

这样的分界经过时间与人文的更迭，慢慢出现了鲜明的区隔，当然，双方在饮食上也出现了一些差异性。以番茄来说，一般家庭式吃法是将番茄由中间划开并塞入话梅，边吃边吸吮。而当小番茄出现后，半个铜板大的化核应子、青芒果，就成了夹番茄的基本配备。不过说到黑柿番茄[1]，南北两地就有所不同，北部人认为是水果，南部人认为是蔬菜；北部人蘸糖粉或甘草粉吃，南部人蘸酱油膏与姜末吃。

为什么南部人会有这样的吃法？番茄盛产于嘉南平原，其中以嘉义新港为最大产区，台南、高雄、屏东也有种植。早期番茄是南部人餐桌上一道很普遍的菜，尤其是黑柿番茄，皮偏绿且厚硬。在正餐时吃，为了要能够下饭，所以会以带有咸味的酱油膏蘸食；为了要开胃，所以拌入姜末。

把小瓷碟内的酱油膏与姜末拌匀，就能用来蘸番茄吃，吃起来酸甜咸甘，既爽口又开胃。后来慢慢演变成冰果室的一道水果切盘，即使是制式化规格，有心的店家还是会把现成酱油膏加工调配出自己的味道，或是掺入甘草粉或细糖。我还记得小时候很心急，甘草粉拌酱油膏经常拌不匀，总会凝结成大小不一的粉球，后来不管了，就这样蘸着吃；重点好像不是吃番茄蘸酱，而是为酱吃番茄。

黑柿番茄因外皮偏厚硬，因此店家多供应铁叉给顾客。现在其他地方的冰果室也开始流行起南部的"番茄切盘"，但有些店家使用的却非黑柿番茄，酱料比例也不对，还提供竹叉。竹叉不但无法好好叉起番茄，还会弄得番茄横尸遍野、肚破肠流，更糟的是，少了吃番茄切盘的乐趣。

再举竹笋为例，台湾的绿竹笋清甜又多汁，让日本米其林三星名厨神田裕行大赞口感像水梨，另一名厨小山裕久在台湾客座时，也忍不住将当地竹笋入菜。

台湾人爱把绿竹笋汆烫后去壳，不加任何工序，直接切块食用。而光是蘸酱，南北两地就不尽相同，北部人蘸酱油膏，南部人蘸蒜蓉酱油。七十二岁的基隆人曹喜美回忆童年，"竹笋汆烫后切薄片，上面撒点盐巴再淋上酱油膏"。台南度小月 [2] 第四代传人洪秀宏则说小时候吃到的竹笋是蘸蒜蓉酱油。

后来，酸酸甜甜的美乃滋开始大流行，一开始还是蒜蓉酱油与美乃滋"双碟并行制"。这是一道分享菜，按个人喜好任选蘸酱。不过后来美乃滋一举打败了古早味，成为各店家汆烫绿竹笋的基本配

备，盛盘时还会在竹笋块上淋上交错网状的美乃滋。

美乃滋源自欧洲的 Mayonnaise，再从日本传到台湾来，日本人称为"マヨネーズ"，在台湾年纪稍长者说到美乃滋，都会日语发音，而非现在统称的"美乃滋"。美乃滋原是一种法式酱汁，有一说更早是来自地中海西班牙的马略卡岛（Mallorca），后来才传到法国。此酱是一种利用白醋与油所打发的酱汁，一直到 1925 年发明了可以快速大量打发美乃滋的机器，美乃滋才得以普遍贩售。日本第一个美乃滋品牌，就是连台湾人都听过的"キューピー"（Q 比）。

话说回来，台湾大流行的美乃滋也不是日式偏酸的 Q 比，而是一小包塑料袋，上头绑着红色橡皮筋，使用时将塑料袋边角剪个小洞再用力挤出，是偏甜美乃滋。南北两地对于美乃滋的称呼也不同，北部人说"美乃滋"，南部人则叫"白醋"，"要不要来个白醋笋？"就是说"要不要来个美乃滋搭绿竹笋？"

许多食物离不开酱料，酱料跟食物的交情浓厚，少了海山酱、蒜蓉酱、酱油膏，许多食物就少了台湾味。

还有很多南北两地在饮食上的微妙不同，例如小菜切盘，南部人叫"腌肠熟肉"，北部人叫"黑白切"；南部人吃"担仔面"，北部人吃"切仔面"；讲到削凤梨，南部人称"刽旺来"，北部人说"削旺来"。想了解台湾饮食之谜，有时得先了解台湾母语才得以一窥堂奥。

《慢食新世界》一书提到："食品是在地表上看得到的，就是我们每天放在盘子上、最常讨论的产品；而根源是在地下，盘根错节，分布很广，指的是我们盘子里的食物如何被制造出来的过程。食物是一

个地区的产物，代表了发生在那块土地上的人、事、物及其历史。"

餐盘上的台菜，我们已经谈了很多；我们要沿着底下的根寻觅。根连系着这一代、上一代，甚至更久以前的生活方式，根指向我们与这块土地的关系，根也串联着你与我。没有这些根脉，我们永远就只是浮萍罢了。

〔致谢〕

本书得以完成，要感谢黄德兴、黄德宗、蔡金川、姚成璋、郑慧正、谢和江、李明颖、杨冬宁、涂靖岳、吴明洁、郑丞尧、陈进万、黄丽娟、林祺丰、钟坤志、曹铭宗、陈玉箴、林世明、张玉欣等人的无私协助，以及协助采访、示范的餐厅从业者们，还有这段时间不断包容与鼓励我的朋友们。

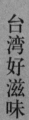

辑一

台湾好滋味

最独特的台湾主食

番薯糜

　　到了台菜餐厅，无论点了菜单上的什么，服务人员总还是会问："要糜还是番薯糜？"通常你会听到这样的回答："当然是番薯糜。"

　　糜，家家户户都吃得到，哪需上馆子吃？但番薯糜不同，走过了许多国家与城市，到目前为止，我还未发现有地方跟台湾一样，对番薯糜有如此深刻的情怀与记忆。这是台湾人最独特的主食，还藏了许多历史符号在里面。

　　番薯与白米煮出来的"番薯糜"是早年台湾人的早餐，当时之所以会在糜里加入番薯，是因为白米严重缺乏。台湾东西部都产稻，一年还两期，怎可能会没米？原来国民政府统治初期，米、糖、盐、煤四大物资多用作支援前线的军备，因而十分昂贵，一般人只好加入番薯充数。

　　不仅闽南人，客家人对番薯也有类似的记忆。客家人劳务粗重，早餐少吃糜而多吃干饭，但也少不了番薯。今年六十七岁的高雄六堆客家人钟招松说："原本是放番薯块掺饭，但小孩子不爱吃番薯，经常会只盛饭而把番薯拨到一旁去，因此才改成用'菜剉'剉成番薯签，样子跟豆芽菜差不多，加入白米里一起煮成了番薯签饭，全

【吃台菜，学俚语】时到时担当，无米煮番薯汤。

【释义】船到桥头自然直之意。

混在一起就不用争了，人人有奖。"

　　然而，现代社会生活步调快，已经少见早餐吃番薯糜的家庭，小孩、大人都忙，大家连好好吃一碗糜的时间都没有了。

糜的生命

　　番薯与白米煮出来的"番薯糜"是有生命的。这件事对出生自1950年代前后的人来说或许不是秘密，但对70年代以后的人来说却非常神奇。糜不是趁热吃最好吗？事实上正好相反，刚煮好的番薯糜最难吃，焖上半小时到五十分钟之间才最美味，超过一小时后的糜会变成"洘"（粘稠之意），一般俗称"洘头糜"，这时的糜就算是死亡了。

　　糜刚煮好时是滚烫的，饭粒已熟，但还有明显颗粒感，米芯还有些粗硬，饭粒与泔（代表粥汁）是各自分开的，一时之间还无法入口，只能拨上层或靠近碗缘的糜吃，因为这些部位与外界冷空气接触，比较容易变凉。或许你我都有过这样的经验，上学快迟到了，但糜还是滚烫的，只好夹菜放到糜里胡乱搅拌，企图让糜可以快点降温；或为了等糜稍微降温，没事便多夹些菜吃，结果吃的菜比糜还多，俗语"烧糜伤重菜"，就是这个意思。

　　糜煮好，熄火焖十五分钟，饭粒逐渐变软，泔也渐稠；半小时后，米汤渗入了番薯香甜，番薯上也覆盖一层晶莹的泔膜，两者达到水乳交融阶段，才是番薯糜最美味的黄金时刻，还能吃到番薯里

的栗香，真是幸福啊！

可是等过了一小时不吃，泔便已消失，饭粒吸饱泔而胀得鼓鼓的，整锅糜冷却如烂泥巴般，一舀起来，糜巴着汤勺不放，得朝碗缘"叩叩叩"地敲敲甩甩才得以崩塌落下。这也就是为什么范仲淹在天寒地冻苦读时，能把原本的糊粥像饼一样切成四份、一餐吃一份的缘故了。

于是，盖上锅盖焖半小时的"熟度"最适宜食用，若家中小孩七点半要出门上学，母亲就要六点起床煮糜，煮至六点半，焖至七点再开动。总之，在以糜当早餐的年代，有人愿意天冷早起为你备糜，就是一种奢侈的幸福。

糜一旦过时成了冷粥，一般家庭在这时会添点水加热继续煮，总还是凑合着吃。但在大饭店里，便视此锅番薯糜已死，"再煮米都开花了，得整锅倒掉才行。"台北福华饭店蓬莱村主厨王哲文说。在饭店，有专人专司煮番薯糜，每次只依照每桌人数专煮一锅，十分看重这道料理。

因为可食用的时效短，番薯糜更需要拿捏分量与速度。番薯糜最难在于米芯要透且番薯要熟，一般家庭煮番薯糜的分量少，往往糜熟了，番薯未熟，或者番薯熟了，糜却煮糊了。家庭主妇为了两全其美，只好把番薯切成小块以加快变熟，却失去番薯块所凝聚的香度与口感，好像总不能两全其美。该怎么办呢？难道要先将番薯蒸半熟再放入糜里吗？不用这么麻烦，后面王哲文主厨会教大家怎么做。

【吃台菜，学俚语】偷割稻，舍施糜。
【释义】偷割别人家的稻谷，再用来煮粥施舍济人，指人伪善。

好的番薯

如今想在台北吃一碗"像样的"番薯糜可不容易，首先要到台菜餐厅，海鲜餐厅多半不提供，如台北顶鲜101便吃不到。目前有提供番薯糜的饭店有台北兄弟兰花厅、台北福华蓬莱村与高雄汉来福园，餐厅则有欣叶、青叶、梅子、甲天下等。

别小看番薯糜，吃番薯糜还要挑对时节，并非一年四季味道都一致。番薯虽然一年四季都有，不过以10月到隔年4月的品质最佳。云林县水林乡第二代番薯农郭明豪说，番薯最怕雨季跟燠热，4月过后天气变热，梅雨季节接着来临，有时吃到的番薯有很多纤维，就因为是在雨季过后收成所致。换句话说，入秋后是吃番薯糜最好的时机，以后想到要吃螃蟹时，不妨也顺便吃一下番薯糜吧！

台湾番薯的知名产地不少，新北市金山区以台农66号红心番薯闻名，南投县竹山镇生产的台农64号番薯，传说清朝嘉庆君游台湾时，对这小红薯赞不绝口，竹山番薯因而一红就红了数百年。竹山番薯产销班班长杨锦堂说，把煮熟的番薯加入牛奶、放入果汁机内打，喝起来口感不输木瓜牛奶，而且还更养生。云林县水林乡的台农57号番薯则是口感绵细，几乎吃不到丝，为后起之秀。

番薯也吃名气，水林早年就像是竹山的"OEM厂"，因为竹山番薯名气大，于是水林人会把种好的番薯挑去卖给竹山人，让竹山人再卖给消费者，赚上一笔。"每次想到都很呕，消费者吃的明明是

水林番薯，被赞美的却是竹山番薯。"听到这里，杨锦堂可不依，他说其他县市的人把番薯挑到竹山卖，是占了竹山人便宜。

总之，这几年水林也开始积极行销自家品牌，逐渐打开知名度。"最近有一次到南部卖场，还遇到老板标榜卖的番薯是来自水林。"郭明豪骄傲地说。

除了番薯有品种之分外，各家餐厅的番薯糜口味也不尽相同，否则前"总统府"秘书长薛香川的九十多岁岳父，也不会特别指定父亲节要吃台北福华的番薯糜了 [3]。台北福华坚持用台农 57 号，就是我们常见的黄番薯，优点是口感好，带有栗香味，但容易受产季限制而品质不稳。青叶餐厅按照时节与产地状况，有时会改用台农 66 号，也就是俗称的"红心番薯"。红橙橙的果肉，口感松软、甜度高，但不见得适合用来煮番薯糜，因为在煮糜的过程中容易散开，会把整锅糜弄得黄澄澄的，而且也太甜了，在搭配酱菜时易受干扰。

有些店家会把番薯切成如豆腐块大小，这是为什么呢？第一是省时间、省煤气，可以快一点熟；第二是可以让分量看起来比较多。但这么做吃起来就少了口感，就像苹果为什么越大越贵，除了卖相好之外，口感也是重要因素，促销苹果的广告片里不都是找来牙齿漂亮的模特儿将苹果大口咬下吗？台语说吃起来较"饱嘴"，就是这个意思。吃番薯最期待的就是咬下时，栗子与蜜糖香瞬间从口缝中散发出来的那一刻。这老实的番薯竟能办到如此艰难的事，真教人感动。

【吃台菜，学俚语】毋识一颗芋仔番薯。

【释义】芋头跟番薯虽然长得很像，但两者是完全不同的东西，暗指人外行。

台湾人就是番薯仔

番薯对台湾人来说，不只是食物那么单纯，还有着许多深层意义。番薯特性是无论在任何贫瘠土壤里几乎都能生长，这种不畏环境险恶、仍能向下扎根生存的旺盛生命力，经常被拿来当作台湾人的象征。

我的朋友郑慧正医师，将原本用来拍摄人体器官的造影工具拿来拍摄番薯，结果显示出来的影像就像台湾的轮廓，让许多人误以为是台湾的 X 光照，台湾就是番薯的证明不言可喻。

经常听到有人会用"番薯仔"称土生土长的本省人，而"老芋仔"则用来称 1949 年以后来台的外省男性军人，外省女性则被称为"外省婆仔"。台湾人自称为"番薯仔"始自日治时代。二次大战期间，有二十万以上的台湾人被强迫充当日本军夫和士兵去南洋与中国打仗，一些身不由己、混在其中的台籍日本兵，就会用"番薯仔"来表明自己身份。

1960 年以后，同样在军中，为了区分与"番薯仔"身份不同，便开始称外省士兵为"芋仔"，只是芋仔们随着光阴渐渐老去，年纪大就被称为"老芋仔"了。

番薯、芋仔也经常被用来当作政治语言，当年陈水扁的竞选歌曲"台湾人番薯团仔"（词曲 / 沈怀一）就唱道："台湾人台湾人，番薯仔团番薯团仔，咱拢是正港的台湾团仔。"在这种情绪感染下，他

图片提供 /《看见看不见的空间》郑慧正

赢得了不少选票。台语歌星蔡振南的"母亲的名叫台湾"，歌词里也提到"两千万粒的番薯仔团，未冻叫出母亲的名"，"番薯仔团"便是指当时人口数两千万的台湾人。

"番薯"与"芋头"各代表本省与外省族群，而外省人与本省人生下的孩子，就被称为"芋仔番薯"。但真有番薯品种叫"芋仔番薯"，全年都吃得到，紫皮紫肉的为中南部栽种，白皮紫肉的则为东部栽种，口感十分细致，甜度不减，因为颜色鲜艳，通常用来做冷盘或油炸类甜点，没人会用来煮粥。2000 年的陈水扁就职晚宴中，就有一道菜叫"芋薯松糕"，暗喻的就是本省（番薯）与外省（芋头）族群的融合。

番薯糜的不同时代

经过了物资缺乏的时代，番薯糜存在的意义也随之改变。台北60 年代兴起许多舞厅、歌厅和夜总会，当时酒客在舞厅跳完舞后，便会带舞小姐出场到歌厅吃宵夜，这时时间已晚，不宜大鱼大肉，因此便成了台上有歌手唱歌，台下则是一桌桌红男绿女吃番薯糜配酱瓜、红烧肉的画面。太原路与华阴街口的金龙大酒店、圆环的国声酒店与民权东路的豪华酒店，都是这类晚上九点到半夜两点营业的宵夜场子。当时生活经济条件已经改变，番薯糜已非贫苦人家的早点，而是台菜的代表。

歌厅没落后，番薯糜很快在台北市复兴南路上重新找到舞台。

【吃台菜，学俚语】也着箠，也着糜。
【释义】箠是一种马鞭，也就是要软硬兼施，双管齐下。

1990 年台湾股市站上 12000 点，几乎所有人都沉浸在这疯狂的空气中，当时甚至流传一个笑话，如有两个人相遇，其中一人问："现在几点？"对方便会回答："10000 点。"在此氛围下，兴起了复兴南路的清粥小菜店，当时拼酒文化盛行，许多人在大鱼大肉的晚宴后还会想找地方续摊，而清粥小菜便成了首选。

这时，一家全天候营业的"可口美"小吃店成了街上的当红炸子鸡，四周店家见状，也纷纷起而效仿，小李子、无名子、永和稀饭等接着开，逐渐成为吃糜最方便的地方，人称"稀饭街"，全盛时期甚至出现路边三排停车的画面（并排停车就已令人发指了）！

这里的点菜方式是白糜、番薯糜择一锅，其余小菜则是自助式，有面筋、花瓜、鲥仔鱼、荷包蛋、咸鸭蛋、皮蛋豆腐等数十种酱咸与配菜。然而，当经济衰退后，稀饭街也盛况不再了。

历经大起大落，番薯糜在时代中仍能安身立命，并且怡然自得。过去的人担心家中孩童挑嘴，光吃白饭不吃番薯，还得处心积虑地把饭与番薯细掺在一块。今年五十六岁的王哲文做菜几十年，每天要看不知道多少次的番薯糜，但一回想起五十年前的番薯糜仍心怀恐惧，至今他宁可单吃糜或单吃番薯，也不再吃番薯糜。不只是他，许多那个年代的人都有相同心情——关于穷困的嫌恶与恐怖记忆。

但令人意想不到的是，现代医学标榜番薯纤维多，利于排便，一锅番薯糜反倒是番薯抢先被舀光，独留一锅空荡荡的白粥，这不禁让畏惧吃番薯糜的王哲文感慨中带着错愕："想不到数十年光阴流转，许多事就这么倒了过来。"

最重要的台湾家常菜

菜脯蛋

2007 年台湾经济部办了一场"外国人台湾美食排行 No.1 票选活动"，最后荣登台湾桌菜第一名的，即是菜脯蛋。

台菜餐厅的菜单上一定会有菜脯蛋这道菜，如果没有，你大可直接把菜单合上走人，店家可是连吭都不敢吭一声。无论中西料理，都少不了以蛋为食材，但只有台菜餐厅会有专属编制、专人负责做菜脯蛋，也因此才能够让菜脯蛋的名气多年不坠，赢得"台湾披萨"之称。

菜脯蛋是台湾很普遍的家常菜，在闽南或客家料理中都可见到。菜脯蛋跟番薯糜就同于烧饼跟油条，两者分不开，糜湿滑而菜脯蛋煎得偏干，少了谁都少了一味。菜脯蛋做法简单，阳春版的是打散的蛋混合萝卜干丁与葱花干煎，这端看做菜者的心情，心情好时，煎出来的蛋形边缘整齐、圆滑又漂亮；但一大早要起床做菜心情往往不会太好，因此大部分呈扁平、不规则状，更糟的就是焦焦脏脏的丑样子。

菜脯蛋讲究的是蛋外酥内嫩，菜脯要分布均匀且香脆，还要保有葱花清香，外形要圆且厚，菜脯不外露，表面平整光滑，吃起来不油不腻，才算合格。事实上，一般台菜餐厅并不喜欢客人点这道菜，因为菜脯蛋制作费时，利润又低。但梅子餐厅则是例外，一支

【吃台菜，学俚语】菱角喙，无食喘大喟。
【释义】爱吃鬼，没得吃便气呼呼。

猪脚要价 80 元 [4]，一份菜脯蛋却要 170 元。

妈妈的味道

到日本寿司店用餐，许多人若想试试店家的功力如何，先点的不是握寿司，而是玉子烧。玉子烧是一家寿司店的基本功，如果基本功不行，接下来就不用点太贵的鱼材，以免伤荷包。

玉子烧用一双筷子便能做出来，而且日本师傅强调："没有四五年是练不出来的。"这所谓的"练"，是指每次完成品的品质都能维持在一定的水准。说到玉子烧，关东与关西做法也有不同，关东的玉子烧偏甜，会加入砂糖来表现出甜味，但不加高汤；关西玉子烧则会加入柴鱼高汤，呈现湿润带汁的口感。当然，加入越多高汤，想要使其保持层次分明的堆叠感也就难度越高，这就是玉子烧的学问了。

而菜脯蛋同样也是学问，一家台菜餐厅如果菜脯蛋做不好，后面的大菜也就不用太期待了。菜脯蛋也是用一双筷子就可以做出来，青叶与欣叶餐厅都有专人专职于菜脯蛋，煎不出好的菜脯蛋，就等于没拿到台菜师傅的入场券。

后来，一些台菜餐厅为了让菜脯蛋这道家常菜上得了台面，开始试着让菜脯蛋升级，演变成正圆形、立体的厚片烘蛋，这不仅考验师傅手艺，还包括餐厅老板对这道菜的重视。

职业级的菜脯蛋做起来并不容易，至少要煎上百个才有可能达到一定水准，不过一般家庭怎可能天天吃菜脯蛋，而且还要吃下失

【吃台菜，学俚语】食饭配菜脯，俭钱开查某。
【释义】指人省吃俭用，却把省下来的钱用来花天酒地。

败的呢？因此职业版与家庭版的水准自此泾渭分明了。

而老一辈的人还是念旧，据了解，虽然台北福华饭店有披萨款的菜脯蛋，但已逝的福华饭店创办人廖钦福每次到饭店用餐，仍指明要吃有妈妈味道的阳春型菜脯蛋。这让我想到曾在报上看过的一篇文章："在那物资贫乏的年代（1950 年代），饭盒里最常带的菜肴是菜脯蛋，因为它够香够咸，很下饭。只是菜脯总是被放得太多了，以致无法煎成完整的片状，而散成碎块。"[5]这句话道尽了那年代在食材上的捉襟见肘。

台菜的菜名很直接，往往食材即菜名，一目了然，如"红蟳·米糕"、"凤梨·苦瓜·鸡"、"菜脯·蛋"，因此即使看百年前的台菜菜单，也能多少猜到几分。

菜脯蛋便是菜脯与蛋的组合，闽南语习惯称萝卜为"菜头"，"脯"是干的、脱水的意思，因此萝卜干便称为"菜脯"。菜脯蛋是一道台菜，也是一道母亲的菜，海外游子吃到这道菜，没有不掉泪的。它早年出现在早餐桌上、便当盒内，以及清粥小菜店、台菜餐厅，甚至如今连超商的微波便当里也见得到。

不只是菜脯，在没有花样百出的礼品年代里，食物就代表了不同意涵的礼物。尤其是蛋。若吃到白煮蛋，就代表"生日快乐"；若便当里有荷包蛋，就代表母亲奖励孩子考试考一百分；若生病了，就会吃到鲔仔鱼粥外加蛋花。好友陈建源说，祖母会把煮剩的少许麻油鸡汤另外盛起，加入一颗带有焦香味的荷包蛋同煮，汤汁就用来拌饭，蛋便会吸入麻油与姜香。在花莲冬天东北季风来袭时，一吃，全身都暖和了起来。

"十五"的菜脯蛋

一般厨师要做菜脯蛋做得上手，也要花一年以上的时间。青叶餐厅规定，要在一分二十秒内完成才算合格，全程只靠一双筷子，经过熟练的甩锅技巧，至少要四次以上的翻面才能使其完熟。而达到登峰造极阶段的人，甚至只要三十秒就能完成一个菜脯蛋。

每家台菜餐厅的菜脯蛋都不太一样，通常蛋越多制作难度越高。甲天下餐厅一般小份的是两颗蛋，能用到三颗蛋已经是职业级水准，四颗蛋拿捏掌控更难，五颗蛋则是业界少见。福华蓬莱村使用三颗蛋，厚度2.5厘米、直径12厘米。这么少的蛋量，却能达到如此厚度，非常不简单。

欣叶餐厅也用三颗蛋，特别讲究圆度与均高，以"十五"、"十七"术语称之，例如"这个菜脯蛋十五，那个差不多十七"。外行人听得一头雾水，还有人猜是指直径。答案揭晓，十五、十七是指圆度，十五指的是如八月十五的月亮那么圆，十七就代表差了一点。厚度则无严格限制，但整份要如同蛋糕般高度均一，不可塌陷或中央高、四边低。

我在兄弟饭店吃到的菜脯蛋虽圆，但薄如葱油饼；而在梅子餐厅则吃到中央厚而边缘薄的菜脯蛋，虽然功力比不上名家，但口感较湿润带汁，内涵上有加分。

按照青叶的标准，必须使用高难度的五颗蛋，厚度2厘米、直

【吃台菜．学俚语】毋相弃嫌，菜脯根罔咬咸。
【释义】指夫妻要相互扶持，同甘苦共患难过日子。

径 16 厘米，表面正圆形且光滑不能有破损、菜脯粒粒分明、分配均匀且不能沉至底层，外皮香酥，内层柔嫩，菜脯略带甜味且不带湿气，是我目前所见业界最大的菜脯蛋了。

出生自台东卑南族的李汉斌，不像一般闽南人对菜脯蛋司空见惯，童年时的他对菜脯蛋完全一无所悉，后来远离家乡外出半工半读时，第一次在员工餐里吃到菜脯蛋，他还问别人："这个吃起来脆脆的是什么？"师傅回答他："傻孩子，那是菜脯蛋。"

毕业后，他到青叶餐厅面试，主考官就要他煎菜脯蛋。他放下了心上大石头，心想自己早就会做，稳操胜算。但后来见到主考官示范做法，才知道知名餐厅的菜脯蛋竟然是如此不同。

"虽然紧张，但我也跟着做了一遍，没想到居然被录取了，隔天便开始上班。上班第一步就是煎菜脯蛋，从早上十点到晚上十点，将近十二个小时都在做同一件事。当时大师傅在我身旁不断叮咛'温度不要太高'、'这个不好看'、'这份重煎'等。连续被盯了几年，看到菜脯蛋都不自觉产生厌恶，懊恼自己怎么连这都做不好，直到后来获得师傅们肯定，这才知道过去那些提醒与叮咛都是珍贵的。"

现在，李汉斌已是青叶 AoBa 餐厅的副主厨，谈起这段往事，他仍很有感触。但在他手中，果真煎出了五颗蛋等级的菜脯蛋。

不分族群的菜脯迷

1993 年对台湾来说，是一个特别的年份——菜脯蛋上了飞机。

当时台湾餐饮界吹起一阵美式风，台湾仕维生餐饮集团创办人葛威廉引进美国品牌的"伟克商人"，孙大伟引进硬石餐厅（Hard Rock Cafe），茹丝葵也是在当时进入台湾的。

但在同一年，航空公司的飞机餐却打起了乡土牌，继华航在国际航线上推出了台南度小月担仔面和郭元益的小点心后，长荣航空也不甘示弱，推出了炒米粉和菜脯蛋等。

不只本土航空打本土牌，连美国西北航空也开始推出中式餐点，"菜脯蛋、三杯鸡、凉拌豆腐、炒年糕、番薯粥、卤肉饭，都将陆续出现在不同班机的菜单中，每个餐盘还附有筷子。"[6] 成为第一家推出机上中式餐饮的美籍航空公司。

不只闽南人，客家人也吃菜脯蛋，漫画家刘兴钦笔下的"大婶婆"最爱吃的菜，其中一道就是菜脯蛋。当时经济部为推广新竹内湾商圈，请来漫画家刘兴钦，请他开出"大婶婆"最爱的十大好菜，菜色有仙草冻、豆干煮排骨、咸菜蛋花汤等，其中一道就是菜脯蛋，可见菜脯蛋也是客家人的代表。

除了跟闽南人一样有菜脯丁外，客家人也吃萝卜丝蛋。台湾稻米一年两获，一次收成约在 6 月，一次约在 11 月。农家在二期稻作后会改种萝卜，萝卜盛产一时吃不完，便会将萝卜刨丝晒制，夏天煮汤有解暑效果，或者就做成萝卜丝煎蛋。

客家跟台式的萝卜丝蛋做法其实差不多，只是台式的偏甜。客家人会先将萝卜丝泡水至软，因为每家腌的味道都不尽相同，光看不知道，要用水洗除盐分再试咸度。高雄六堆六十七岁客家人钟招

【吃台菜．学俚语】膨风水蛙刣无肉。
【释义】鼓胀两颊的青蛙杀了也没什么肉，比喻人空有其表。

松说："萝卜丝含太多水分，须先炒干，炒过后不仅能除去水分，还能炒出香气来。炒好的萝卜丝要放凉，如果热热的直接跟蛋搅拌，蛋的熟度就会不均匀。热锅后先放入比平时煎蛋时多一点的油，接着将放凉的萝卜丝、葱花跟蛋拌匀后倒入锅内，这时再用筷子将食材拨匀，转小火慢烘再翻面而成。"

晒萝卜干对客家人来说是件普遍的事，家家户户都晒，私底下还会评论谁晒得好。钟招松说，住家附近的空地都被邻居的萝卜干占领了，但他有自己的秘密基地，就是挑到坟墓堆旁晒！"那儿可没人跟我抢，而且晒出来的品质也很好。"

而外省族群可能受台湾饮食习惯影响，也吃菜脯蛋，马英九就是个菜脯蛋迷，他在过去担任台北市长时曾接受媒体访问说道："说起小时候对吃的印象，饭盒内能有个菜脯蛋，就非常满足……我自己爱吃的台菜是荫豉蚵、菜脯蛋、青椒肉丝、辣椒小鱼干等。"[7]

台湾是个政治味浓厚的地方，就连菜脯蛋也能成为政治话题。有台湾"小白菜"之称的许晓丹，在1980年代那个民风保守的时代里，曾在舞台剧《回旋梦里的女人》中全裸演出，成为当时茶余饭后的热门话题。

后来，她还曾在高雄参选"立法委员"，当时所举办的募款餐会便强调是"穷人的晚餐"，"竞选总部还为每道菜取了有趣的名字，凸显她穷人参政、为弱势代表的特色。"当时的菜单内容包括"吃苦才会发"（凤梨苦瓜鸡），吃了苦瓜再吃凤梨，代表先苦后发；"阿

妈的祝福"（红龟粿），代表老人家对外出孩子的祝福；"出外人的志气"（菜脯蛋），代表台湾人出外打天下的心情。

欣叶餐厅创办人李秀英曾说，在战争逃难时，人人都带着金条，不过养母却告诉她，"带萝卜干比金条更好用"（反正也没有金条可以带）。她半信半疑，没想到果真比金条好用！饥饿时只要咬一口含在嘴里就行，重量轻携带方便，又有解渴、补充养分的作用，维生素 B、铁质含量高，真是"穷人的人参"。

我猜想，"菜脯蛋"之所以代表"出外人的志气"，可能是因为菜脯易于携带，又不易腐坏，无论到了何处，只要加个蛋一起煎，就能吃到足够营养，也象征无须向别人低头，就能自给自足打天下。许晓丹后来虽没选上，但创意十足，勇气无限。

现在政治圈除了名嘴们天天各自排列组合地评论时事外，实在了无新意，这让我不自觉地怀念起当年的许晓丹来。台湾有了许晓丹、柯赐海，人民的生活真的很热闹啊。

【吃台菜，学俚语】人情世事陪够够，无鼎搁无灶。
【释义】过于热心助人而无节度的话，就会连得自己的本也赔进去。

最戏剧性的台湾补品
煎猪肝

台菜菜单中多数会有一道"煎猪肝",早年猪肝是被台湾人奉为补品的一种食物,与鸡佛(鸡睾丸)和鳖比起来,猪肝更为普遍。尤其是女性,生理期要吃炒猪肝,坐月子要吃麻油炒猪肝,住院开刀要吃猪肝汤。

早年猪肝料理变化多,除了常见的猪肝面、猪肝汤外,还有皮蛋肝片、纸包猪肝、猪肝蒸肉、猪肝菜心等。客家人也吃猪肝,其中以猪胆肝最具代表性。

猪胆肝是在立秋后,用晒炒过的盐涂遍整个新鲜猪肝,连血管也要塞入盐巴,然后放入大瓦罐中,定时翻转使其发酵并流出血水。一般在两三天后取出晒干,再以滚筒压扁,置于阴凉处风干十天左右再蒸来吃。切一块放在饭锅内和饭一起蒸,再切成薄片配着蒜白一起吃,就是最棒的下酒菜。

猪肝汤也好喝,不仅因为它是补品,与其他内脏不同的是,它会在口中与味蕾产生摩擦的颗粒感,且带有独特的甘苦香,使得猪肝汤就算只用姜、盐、米酒烹煮,都能非常迷人。一碗猪肝汤里,总浮有几片上头有着孔洞的猪肝片,那孔便是猪贩用钢钩挂上猪肝

【吃台菜,学俚语】偷食,无擦喙。
【释义】偷吃也不擦嘴,意指做坏事也不懂得消毁证据。

之处。每当看到这样的猪肝，眼前便会浮现菜市场喧腾热闹的画面，可视为吃猪肝汤的一种乐趣。

价比天高

台湾人对猪肝很有感情，早年猪肝在众人眼中是补血圣品，我念初中时，老师甚至还会叮咛班上女同学每个月要吃一次猪肝补血。

猪肝在台湾是一种很独特的食材，经历了身价的暴涨暴跌。根据报道，1952 年（约二次大战结束后七年）上等赤肉一斤 12 元，但猪肝就要 16 元；到了 1961 年，上一家不错的理发院理个头，公定价要六块半，但一斤猪肝就要 32 元，后来更逐年上涨，最高曾达到一斤 160 元！但从事猪只屠宰业的嘉一香食品公司董事长陈国训印象中还不止如此，"猪肝是用两计价的，最贵时一斤就要 240 元"。

1967 年的报纸还这样报道："牛肝很营养，虽然市场上好的牛肝较难遇到，每斤 36 元，但比猪肝的价钱可便宜多了，精明的主妇们，在炎热的夏天里，配菜大多取牛肝而舍猪肝了。"[8] 牛肝即使在今日都不常见，居然都还比猪肝价格便宜，可见当年猪肝真是天价。

当时谁有本事吃猪肝？一则强势、一则弱势。吃猪肝象征身份地位，有钱人才吃得起，因此在酒家菜里可见猪肝料理，如"肝炖"就是把猪肝、鸡肝、肥油、红葱头、荸荠与豆腐混合蒸制而成。

另一种就是病人才有机会吃到姜丝煮猪肝汤，只用滚水氽烫猪肝片，配点姜丝、下点盐巴即成，用个小提锅装着。以前的人去探病，

总会提一锅热腾腾的猪肝汤，当病人有气无力地回答："唉，没胃口吃。"探病者便会提醒："欸，这可是猪肝汤呀。"对方便惊呼一声，二话不说赶紧把汤喝了。大家都知道，再没胃口也不能糟蹋猪肝。

猪肝翻身

人说"嚣俳没落魄的久"，曾经风光一时的猪肝，终究也有下台的一天。后来经证实，有百分之四十的猪饲料都添加了抗生素卡巴得（Carbadox），这种抗生素经证实含有致癌剂。跟人一样，猪肝也是具有解毒功能的器官，这些抗生素所产生的毒素便累积在猪肝上。此事经过媒体报道，掀起轩然大波，一发不可收拾。

但猪肝祖上有积德，总算还是遇上贵人了。欣叶餐厅行政总主厨陈渭南回想三十几年前，有一天下班后去市场买菜，熟识的猪肉摊向他推销："今天有粉肝不错，买一付回去吧！"陈渭南知道猪肝已是过气商品，意兴阑珊地说："麦相找啦。"（意思是"别给我找麻烦了"。）便另挑选了一些猪肉，但猪肉摊老板打包时还是顺手塞了一付猪肝送他。

就这样，当他拿着这付猪肝，心想该如何把它做成一道好料理，最后，他选择以独特手法——"糖化"来处理猪肝，竟让猪肝自此起死回生。所谓"糖化"猪肝，就是以酱油和糖为基底的调味料在锅中收干时，快速翻锅，让酱汁完整包覆在猪肝表面，形成糖衣，吃的时候便能同时咀嚼到猪肝的苦甘味与酱料的甜，两者浑然天成

绝妙口感。

不同于坊间，欣叶的煎猪肝还配上香菜与萝卜干，第一片先吃原味，第二片挟着香菜一同吃，中途穿插萝卜干解腻。这萝卜干也不是泛泛之辈，用白醋、冰糖、醋姜等腌过，爽脆、解腻又开胃，这正是欣叶煎猪肝能一卖三十多年的原因。"十桌客人有八九桌都会点煎猪肝。"欣叶餐厅忠孝店主厨陈靖益说。煎猪肝从此成了一道名菜，许多店家起而仿效，如今许多海产店、快炒店都吃得到，若没有煎猪肝，就被认为不算是道地的台菜店。

各种好滋味

猪肝料理难在哪？永远有人问（也有人总在说明）该如何处理猪肝才不至于过柴，即使专家多少有些做法上的小贴士，但终究离不开速度与火候的掌控。这是一道与速度追逐的料理，就连吃也得速度快，时间过久便味如嚼蜡，难以下咽。

2011 年台湾十位厨师受观光局之邀，于观光局北京办事处成立周年的日子推出百桌千人宴，其中"黑白切粉肝"挤下了原本规划中的熏花枝，原因是这是当地台商指定的菜色，因为台商说"大陆吃不到这么嫩的猪肝"。[9]

猪肝的单位称作"付"，一付猪肝有三瓣叶片。坊间将猪肝分为粉肝（脂肪肝）跟柴肝两种，粉肝偏粉红，柴肝暗如红豆，但其实为同一物，价格也相同，只是烹调过后的口感、卖相不同。柴肝天

【吃台菜，学俚语】好也一顿，歹也一顿。

【释义】食物好坏都是一餐，开心也是一天，不开心也是一天，劝人不要太计较。

生就老，适合汆烫后切片，蘸酱油膏而食；粉肝则白酌、煎、汤皆适宜。有些小吃店的黑白切"粉肝切盘"的口感像豆腐一般嫩，是灌入了盐水与淀粉所致。

煎猪肝被炒作成为一道台菜名品后，身价就未再下滑了，梅子餐厅一盘就要250元，真像是以日币计价。一次我到台北一家"蟳蠚百元快炒"，店面看来平凡无奇，但一吃到煎猪肝后，发现与欣叶的口感相差无几，心想老板绝非泛泛之辈，一问之下，果然是欣叶出身。后来我经常造访那家快炒店，因为它有欣叶等级，却只有快炒的价格。

每家店的煎猪肝做法也不尽相同，梅子餐厅的煎猪肝调味近似欣叶，但肝片厚薄不一，美中不足；兄弟饭店兰花厅的煎猪肝是将猪肝片包覆红曲，外衣色泽红润增加卖相，又有红曲的天然甜味，得相辅相成。奇真餐厅是改良口味的"黑胡椒猪肝"；台北福华蓬莱村则不提供这道菜，理由是：外国人不吃内脏类。

而南部天气炎热，台南好地方虾仁饭则有"凉拌猪肝"，保持肝肉滑嫩且爽口。至于阿美饭店的"香油猪肝"，因为南部人吃猪肝的不多，新鲜猪肝又不能久放，已成了一道预约菜。做法是猪肝裹粉油炸再上糖与乌醋，加上切片的红、黄彩椒，让整体色泽不至于厚重，口味很古早。古早的意思就是未使用番茄酱这种现代化的人工调味料，单纯以糖与醋带出酸甜味。

台南新化的清乐食堂还有一道特别的"炸猪肝"，将猪肝裹面糊油炸，吃起来外酥内香。老板说这道菜不提供外带，在店内也必须

尽早食用，因为时间一久猪肝会渗出血水，很多人看了会害怕。

事实上，猪只健康，自然就会有健康的肝。现在毛猪有一定的断药期，猪只的抗生素在宰杀前就能完全排除，不会残留在肝脏内。畜产业者近年也改善养殖条件，并重视生产履历，养殖出活菌猪、自然猪、海藻猪等健康猪只。期待有朝一日，台湾猪肝也能跟法国鹅肝一样，成为食材中的精品。

【吃台菜，学俚语】老人食麻油。
【释义】老（闹）热。老人加上燥热的麻油，谐音就成了热闹之意。

最重要的台湾小食

香肠

　　香肠是台菜餐桌上一道重要的料理，可下酒，可粥可饭，可冷食可热食，为了便于食用，通常斜切薄片，用牙签串上白蒜或蒜苗而食。香肠先生走遍全台各地，还会以不同样貌现身，是一项充满地方性色彩的食物。

不一样的香肠故事

　　屏东东港盛产黑鲔鱼，就吃得到黑鲔鱼香肠。南投埔里有埔里酒厂，就有绍兴香肠。金门高粱酒名气大，自然就有高粱酒香肠。高坑甚至有用本地牛肉做成的牛肉香肠。至于产咖啡的古坑，实验性强的咖啡香肠也就顺理成章地诞生了。

　　先说在基隆有全台湾最小的"一口吃香肠"，约只有拇指大小，是一般香肠的三分之一。基隆的文史工作者曹铭宗说起一口吃香肠的缘由，原来是老板体恤一些孩子身上没钱又想吃烤香肠，因此发明一份只要 5 元的一口吃香肠（2009 年涨价为 7 元），让阮囊羞涩的人也能解嘴馋，没想到却红遍全台湾。

【吃台菜，学俚语】食饱困，困饱食。

【释义】吃饱睡，睡饱吃，说人浑噩过活。

全台最大的香肠，莫过于创立自1967年的士林夜市昇记大香肠，长达30厘米，约如一人手肘粗。在竞争激烈的夜市，为了与其他同业区隔，老板便尝试将香肠灌得异常粗大，没想到大受欢迎，话题性十足。

要说全台最壮观的香肠摊，竹南交流道下的吉布德喷水香肠应该实至名归，每天只营业四个小时，却能卖出上千条香肠，店门前经常是车车相连到天边的壮观场面。至于全台最长的香肠，就是位于台湾西南方的离岛——小琉球（屏东县琉球乡）的香肠了，最长记录曾长达200厘米未分节，盘起来的样子像蚊香，又像清朝男性的辫子。

小琉球的香肠跟小琉球人的习惯有关。本地人拜拜用的是三牲，客家人用干鱿鱼、猪肉，小琉球人拜拜则是用香肠。早期小琉球人也拜猪肉，但入伍、退伍、娶妻、生子都要拜拜，猪肉容易剩得多，为了不浪费，就做成了香肠。

而且，"这香肠不能断！"小琉球和美香肠的老板说。因为小琉球人多半从事远洋渔业，最远会到地球另一端、中美洲加勒比海的千里达。因为远，所以得放长线才能钓大鱼，"延绳海钓的钓线要保持一直线，才能大丰收"。而香肠就像钓线一样长而不断。

小琉球香肠的做工很繁复，两人做一百斤要花上八小时，是机械制肠的两倍时间。得先把猪后腿肉里的筋膜与肥肉挑出，再让肥瘦肉重新混合，"这样才能让肥瘦肉达到黄金比例（肥27%、瘦73%）"。

不过，早期小琉球有黑毛猪，现在养猪的人少了，最终还是要向台湾"进口"。如今，小琉球的香肠好像失去原有意义。但即使如此，还是非常好吃，烤过后咬下一口，汁都会喷出来。

台湾本岛也有类似小琉球版的蚊香香肠，就在台南的"好地方虾仁饭"吃得到。老板娘陈富香每周两次手工制作香肠，为了做这香肠，还特别定制一台迷你烤炉，底下呈圆柱状，不时要添入炭火。柱状物有凿穿的小圆洞方便空气进出，上头的盖呈斗笠状，利于香肠盘旋其上。最特别的是设有一小截吸管粗细的"导油管"，受热逼出的香肠油汁便能集中涓滴而下，使炉面始终保持干净。"这可是改良过的 2.0 版。"陈富香自豪地说。

这油汁没浪费，被陈富香当珍宝。我眼尖窥见，油汁满了就倒入好地方招牌"虾仁饭"的秘酱里，难怪虾仁饭能从"店徒无壁"到买下好几间店面，一红就是三十年。

至于在全台都有分店的黑桥牌香肠，创立自 1957 年，因为位于运河旁的乌桥仔而命名为"黑桥牌"，还重金打造了"香肠博物馆"（2011 年底完工）。黑桥牌虽然知名度大，但谈到香肠，老台南人心目中的不二选择，还是百年名店"广兴肉脯店"与"滋美轩"。

三十八岁台南本地人郑丞尧说，广兴不仅卖香肠、肉干，还接生过小孩！早年电话不多，广兴位于台南东菜市场旁，门口不远处恰有一座公用电话，曾有位孕妇即将临盆，跑到广兴门前打公用电话求救，救护车迟迟未来，情急之下，广兴便慷慨让出铺子协助接生。许多当地人都说，广兴至今生意兴隆的原因之一，正是当年行

【吃台菜，学俚语】有时省一口，无时有一斗。

【释义】有居安思危之意。平常有钱时就要懂得储蓄，没收入时至少身边还会有点积蓄。

善得福报。

至于滋美轩，一到过年也是大排长龙，郑丞尧说："小时候到滋美轩只觉得真的很简陋，简陋到怀疑它做出来的东西会好吃吗？"不过人潮说明了一切。"以前礼盒都用一种红绳子系着，滋美轩会把绳轴挂在天花板，售货小姐不断重复地系绳包装，动作快到仿佛那条从天而降的绳子始终没有断过。"

位于台北101的八十六楼的餐厅顶鲜101，套餐里的附赠小菜就是醋汁番茄与古早味香肠。说到台南古早味香肠，指的就是加入少许五香粉的手工香肠，因为五香粉的关系，所以香肠看起来色泽偏暗。

台南度小月也卖香肠，却是一般少见的"卤香肠"。度小月第四代传人洪秀宏说："早年店里没有后厨房，场地又狭隘，要卖香肠却没有烤台或油煎台，为此想出变通方法，把预先炸好的香肠放到担仔面摊上的卤蛋锅内一起卤。"没想到吃起来风味独树一帜，使得度小月的卤香肠也大受欢迎。不过系出同源的"洪芋头担仔面"就没传到这一味，相反的，只见店里头有个现代化的小型油炸锅，香肠放下去，时间到就自动跳起来。

台式居酒屋的最佳主角

台南还有一道名菜"腌肠熟肉"，类似北部的"黑白切"，甚至有专卖腌肠熟肉的专门店。"腌肠"指的不是香肠而是粉肠，粉肠主

【吃台菜，学俚语】食人一斤，也着还人四两。
【释义】做人要懂得知恩图报。

要以靠近猪胃的小肠前段当肠衣，加入番薯粉、猪肉等填馅而成，外观是一般香肠的三倍大，颜色呈粉白色，有的人会加入红糟，就会偏粉红色。

粉肠多用水煮，但也有例外，台中县大甲镇镇澜宫前的"康家阿嬷乁粉肠"，老板娘无论晴雨必化浓妆，她所卖的粉肠就不同于一般水煮，而是用水煮后油煎而成。阿霞饭店的粉肠用的是五花肉、肥肉、梅花肉、酒糟与猪板油所做成的；台南县归仁乡的陈家妈庙粉肠，则用猪肉、番薯粉、红糟粉，搭配独有的蘸酱，好吃到全台各地都有人包游览车去吃。不过喜欢香肠的人毕竟是多数，许多人不喜欢粉肠，吃起来粉粉的，又没有肉香。

至于"腌肠熟肉"的"熟肉"，则以猪内脏类为主，猪肚、猪心、猪肠；也可以是海鲜，像鲨鱼烟、鱼卵、花枝、鲨鱼皮、鲨鱼肚等；还可以是像白萝卜之类的素菜。没有固定组合，可按个人喜好搭配，或事先告知预算，交由店家自行调配。

光从腌肠熟肉的组合内容物便看出店家等级，台南阿霞饭店的创办人吴锦霞，早期就是在庙口卖米粉汤，后来花样渐多，加入了腌肠熟肉。阿霞饭店如今算是台南的宴客餐厅，店内"腌肠熟肉"用的是野生乌鱼子、粉肠、芦笋贝、蟳丸与虾枣，两人份700元。

东东集团投资的府城食府的"腌肠熟肉"已变成一道有笋块、芦笋、茄子、三色蛋、白萝卜、粉肠、花枝等十二项料理的什锦大拼盘。石精臼的清子香肠熟肉店，则是一般庶民的小吃摊，用的是香肠、粉肠、猪肝、花枝、蟳丸或白萝卜，每人约100～200元。老板

洪秀宏说："很多人会只点盘腌肠熟肉，再来瓶啤酒，感觉上就像台
式风格的居酒屋。"

健康新吃法

香肠怎么煮才好吃？黑桥牌说，早期多半用油煎炸，但现代人
不吃那么油，建议可以在煮饭时一起加入电锅内蒸，蒸完后再以薄
油干煎即可。这样不用太多油煎，也不需要煎太久，因为内部都已
经熟透了。

如果不用电锅蒸，也可以以水或米酒先煮过，再下薄油干煎。
只是这样香肠内会残留一些水分，在干煎时容易油爆，而且煎出来
的香肠肠衣也不那么紧实，看起来有点皱皱的。还是干煎的卖相最
好，香肠胖嘟嘟且油亮。

还有一个无敌好吃的就是路边的炭烤香肠了，透过炭火的远红外
线，能让热力直达香肠内部，美味加倍。尤其天冷或肚子饿时，香肠
摊子的香肠香气，加上一只抽风机放送，没有多少人抗拒得了。

台湾人还喜欢到香肠摊子玩"打香肠"，香肠摊子多设有一个
小型弹珠台，可以跟老板赌大小。或者还有一种叫做"过五关"的
游戏，可以先试发几次，确定力道与弹力后再正式开始，按照二十、
三十、四十洞口前进，赢了就能得到数条香肠作为奖品。有时花了
不少赌金，即使输光，老板也会奉上数根香肠当安慰奖。

【吃台菜，学俚语】食碗内洗碗外。
【释义】接受朋友的恩惠，却做出背叛朋友的事，吃里扒外，有忘恩负义之意。

切仔面与担仔面

台湾最重要的面食

　　有人说"牛肉面"是台湾的特色面，这句话很多人不赞成，认为切仔面或担仔面才是台湾的特色面，至少台菜餐厅内找得到担仔面或切仔面，但就找不到牛肉面。

　　切仔面或担仔面应该归类于小吃，不过多数台菜餐厅会提供这道点心，是为了让思乡的游子不需另外找摊子吃，一餐便能同时解乡愁。

北切仔，南担仔

　　台菜店家分两派，一派专供切仔面，一派专供担仔面。切仔面源自北部，担仔面则以南部为大本营。有时从店家提供的面食就能分辨老板的出身背景。明明在北部，却打着"担仔面"招牌的，多半是源自南部、而后才北上开业的店家，如顶鲜101的董事长周文保就是台南人；台南度小月总监洪秀宏也是台南人。

　　青叶新乐园不只卖切仔面，还设切仔面摊，而老板姚成璋就是台北人。"真的好"海鲜餐厅的总经理黄棐音，过去曾是华西街台南

【吃台菜，学俚语】食予饱饱、激予槌槌。
【释义】要人吃得饱足、装傻度日，不要太计较。

担仔面的员工，但自己所经营的餐厅却是提供切仔面，原因就在于黄裴音是台北人，而且母亲还是切仔面摊子的老板娘。

不过，现在切仔面在全台都找得到，台南"首府米糕栈"就卖切仔面。老板谢明昌明明一家四代都是台南人，血统纯正，问他为何卖切仔面，他说他的切仔面其实与担仔面一样，同样是黄面、肉臊与虾，"差只差在汤底"。一般担仔面用的是虾头、虾壳熬汤，汤头虽然鲜甜，但免不了腥味尾随而现。担仔面往往要加上一瓢蒜泥，用意就是要压过那股腥味。他的切仔面用的是大骨汤，蒜泥只要少量，甚至不加都行。

"搣"出饱满好滋味

说到切仔面，作家陈柔缙在《宫前町九十番地》一书中有段张超英回忆 1946 年的描述。当时板桥林家是横跨清朝和日本两代台湾最大地主，林家后代林熊征不仅含着金汤匙，还是含着金饭碗出生，吃得胖胖的，外号"阿肥仔"。

有一天，林熊征与张超英的祖父张聪明在办公，到了中午，张聪明问林熊征要不要叫餐厅外送，林熊征说："不用了，吃一碗切仔面就好。"没想到隔天，林熊征就脑溢血过世。"怎么前一天还在面前吃切仔面，才隔一天人就走了？"这让当时尚小的张超英深刻体验到世事无常。

切仔面在日治时代就已存在，芦洲是切仔面专卖店密度最高的

地方，有数十家之多，较有名的是阿六、阿三、添丁、大庙口切仔面。据传最早起源于芦洲人的信仰中心——涌莲寺。

庙口一向是人潮聚集之地，也就吸引了许多的小吃叫卖。传说芦洲人周乌猪与杨万宝，两人从日治时期就开始卖切仔面维生，但生意未如人意，到了国民政府时期，只剩杨万宝一人力撑，生意却渐渐兴旺起来。后来很多北上谋生的人也跟着卖起了切仔面，使得芦洲的切仔面店到处林立。

庙口附近的"添丁切仔面"生意非常好，后来，杨万宝将摊子传给了一名叫阿成的年轻人，阿成同样在庙口开了"阿成切仔面"，又把技艺传了徒弟廖添丁。如今阿成已辞世，"添丁切仔面"便算是名门之后，每到假日就出现排队人龙。另一家"阿六切仔面"的规模更大，门口还挂着"天下第一面"的匾额。

每个芦洲人心中都有一张切仔面名单，有的人爱名气，有的人重交情，但很多人都说这两家是给观光客去的，他们则爱去大庙口和阿三。

大庙口看起来确实环境破旧，规模也如同一般小摊，但汤头白浓香醇，值得一尝。不过大庙口的切仔面非常有个性，除了面条、豆芽菜与红葱头外，别无一物，整碗白白的，连韭菜都省了。阿三也是家个性店，一般店家都是晚上客人最多，阿三却只营业到下午，卖完便收摊。

后来，切仔面也传到了台北市区。日治结束之后，白领阶级可上餐厅、上酒家，一般老百姓只能待在家用餐，不过偶尔有机会也

【吃台菜，学俚语】定定吃三碗公半。

【释义】做事低调但很有能力。

会带着家人到儿童乐园、动物园等地去玩，而这些地方就是切仔面摊的出没之处。台北有名的切仔面也不少，像卖面炎仔（金泉小吃店）、阿国、阿城切仔面，三家合称"北市三大切仔面"。

切仔面与担仔面在分量上就不同，切仔面是扎扎实实一大碗，而且光面条就占了整碗的七成，想不饱还真难。担仔面分量则只有切仔面的一半，汤头多以猪大骨、五花肉为基底熬煮而成，有时还会加入老母鸡或中药配方，汤色如薄茶，味鲜甜。总之，各家都有各家的比例与秘方。

切仔面可不是随便"搣搣ㄟ"（上下摇动）就好，无论用具或煮法都非常讲究。有别于阳春面之类的外省面，切仔面的面是俗称的"大面"或"黄面"（面粉在制作过程中加了碱粉，煮熟后再拌油，也称"油面"），面心圆而色黄。煮切仔面的灵魂，就是呈勾状的笊篱。笊篱得选用桂竹编织，其原因是桂竹编出的笊篱不仅孔小而密，而且还具有悠悠竹香，通过"搣"的动作，可以让竹香渗入面体。

煮切仔面就跟煮意大利面一样，汤桶要大，汤要够多。扯一把掌心大的面条投入笊篱内，"搣八次"是煮切仔面的要诀，也就是笊篱沉入热汤中，过一会儿再拉出水面沥干到不滴水，如此重复八次，才是正宗切仔面做法。为何一定要八次呢？因为面要变软必须得花时间口感才会最好，而且经过多次晃动程序，面体才会慢慢"塑形"，倒扣空碗时如小土丘般尖，舀汤，往碗中挟上两片白肉片，淋上少许猪油、撒红葱头提香，加点韭菜、豆芽菜。一碗这样的切仔面，在1950年代可是约要两元半才吃得到。

不过就我观察，现在店家多半不这么讲究，阿六、阿国还会用竹笊篱，其他多数都改用白铁勺，还有的店家将竹笊篱像祖师爷般供在一隅，备而不用。问为什么，店家回答，因为现在竹笊篱市面上已不容易买到。

不只如此，面条不是"搣"熟、而是泡热的，有的人懒得"搣"，直接舀热汤由笊篱上浇淋，因为搣一碗面如果要八次，即使笊篱一个叠一个，一天来上几次，手臂必定酸得抬不起来。至于尖尖一坨如同小土丘般的面，有的店家功力没那么好，店员从摊上端到桌上面条就散了，我在阿六就吃到散开的切仔面，店员也不以为意。

说到肉片，可能是台北市区的经济能力较好，后来的切仔面才有放肉片，芦洲切仔名店多不见肉片。不管是切仔面的肉片或担仔面的虾子，都像书画落款题字，具有衬托主题、增加气势的效果。

切仔面的肉片多半用的是猪后腿的腱子肉，也就是俗称的"老鼠肉"，除了外层有一点油膜外，里外都是瘦肉，汆烫过后切成薄片。早年生活贫苦，肉就是一种奢侈品，吃一碗切仔面，把面吃完、汤饮尽，两枚白白肉片留到最后，蘸点酱油放到嘴里咀嚼，尽是肉香，抵达家门口前，嘴里尽残留着那肉味，正是那个年代许多人的共同回忆。

独具特色的担仔面

担仔面和切仔面不同，重视的是吃巧不吃饱，最早被归类为

【吃台菜．学俚语】草地人惊掠，府城人惊食。
【释义】乡下人怕政府官员找碴，都市人则怕被食量大的乡下人吃垮。

"点心"，小碗浅得犹如一只深碟。担仔面用的也是黄面，但比切仔面来得细，面条均散于碗内；传统以虾壳、虾头熬汤。因为染上肉臊，汤色若浓茶。

担仔面的源头，是创立于1895年的台南度小月担仔面。创始人洪芋头原是个渔夫，遇台风侵袭的打渔淡季，也就是生意人所称的"小月"，就靠着从福建漳州学来的肉臊做法，挑面担沿街叫卖，后来固定在台南水仙宫前摆摊，生意逐日兴隆，"度小月"名气因而传开。

不过，虽然度小月是担仔面龙头，但也非一家独有的专利，后来又有赤崁担仔面、洪芋头担仔面；台北梅子餐厅、好记、顶鲜101、华西街台南担仔面等，也都卖起了担仔面。台南府城食府还做了一个活动式的担子，师傅可直接挑起担子走入客人用餐的包厢内，重现当年挑担、当场现煮的场景。一边煮香气一边冒，引起宾客连连惊呼，马上就能炒热场子。

华西街担仔面卖的虽然是高档海鲜料理，但创办人许穆生是台南市人，他上台北后的第一个心愿就是卖担仔面。因此即使店内金碧辉煌，使用上万元餐具，卖的是鱼翅、海鲜，但绝不会少了这道乡土小吃，也代表创办人不忘本的精神。

担仔面的做法是将面条放入笊篱烫热，再放入豆芽菜汆烫，将其倒扣到碗内，淋上一匙蒜泥、乌醋、香菜与肉臊，添汤汁，最后再摆上一尾虾。乌醋作用是提鲜味、蒜泥用来压腥味。这虾还不能大，要与小碗的比例和谐，标准是取用南部沿海一带的火烧虾，而且必留虾尾，一来代表新鲜，新鲜的虾尾呈散张状；二来好拿取；

三则是自古来的传统。

不过这虾既是担仔面的特色，也是包袱。许多北部人对于味道浓厚的虾汤敬谢不敏，华西街台南担仔面在十年前就改良汤头，改成以大骨、鸡骨与蔬菜熬汤，不再加虾头虾壳了。顶鲜101则只留用虾头，不用虾壳，加入猪大骨、甜玉米、红洋葱、白萝卜熬汤底，两者都属于改良版。

近年更因为地球暖化，海鲜资源越来越有限，也造成台南度小月的困扰。过去火烧虾普遍，现在已越来越稀有，后来只能改用一年四季都得以供应的白虾取代。

做法固定，但手法可就因人而异了，像度小月汤汁后添，得从碗边轻巧地浇淋，才不会弄塌面上的肉臊。因此煮面人的手腕要倾斜，才能让汤汁顺利注入，最后再摆上一尾虾与香菜。煮面姿态的柔顺与优雅，成了煮担仔面最好看的地方。

各家的担仔面从外观看起来几乎无异，但各店还是有各店的功夫，光从煮面技巧就能看出高明与否。如面下多久才能放豆芽，这就是诀窍，有的店家便宜行事，把面与豆芽同时放，这样豆芽是不会有脆度的。

台南度小月传人洪秀宏说，若资质聪颖，大约两三个月就能独当一面。不过，这些步骤与工序都堪称固定，最难的在于心，煮面人的心要静而后定，即使人来人往也不能躁。这可追溯到台南人的性格，不随外界摆动，独有自己的步调，煮这担仔面也算是一种修行。

在口味上，其中最大差异的还是在肉臊。喝茶人要养壶，担仔

【吃台菜，学俚语】喙饱，目睭枵。

【释义】嘴上说饱了，但眼睛仍眼巴巴地盯着桌上的菜，讥人心口不一。

面则要养锅，台南度小月担仔面永康店内的铸铁锅"养"了三年多，锅边已累积一层厚厚深咖啡色的胶质熔岩；台南 101 店的锅子更久，已有五十多年。但铁锅经年累月地搅动，竟使得锅壁越来越薄而终至破裂。铁杵都能磨成绣花针，铁锅迸裂则在度小月得到了见证。养锅的意义也是在于肉臊，是担仔面精髓里的精髓，许多店家的熬汤或煮面技巧都能外传，但唯有掌握肉臊配方的人才是真正关键，台南度小月就有规定，肉臊配方传子不传女。

最经典的台湾喜宴菜

红蟳米糕

红蟳米糕多见于婚宴，不过要说加入喜宴阵营，至少也是在70年代之后了，因为早年缺乏冷藏运输设备，因此宴席中少有海鲜，多以肉类为主。

红蟳米糕源自福建福州的名菜，当地称为"八宝蟳饭"或"红蟳八宝饭"，原配料有鸭胗、猪肚、火腿与花生等。之后，这道菜随着先民渡海来台，又有更多蟳类料理登场，如白雪潭蟳、八宝焗蟳等，其中"八宝焗蟳"属于顶级版的红蟳米糕。曾经在蓬莱阁工作过的名厨黄德兴说，八宝焗蟳是将香菇、绞肉、虾米等八宝料与挖下的蟳肉一同放入空蟳壳内，铺上炒好的饭与蟳卵一同蒸熟，上桌时每个蟳壳都载满丰料，拿取食用皆方便。

至于当时的"生炊蟳饭"则较接近现今的"红蟳米糕"，若想做这道菜，配料不见得要按照福州版本，不过福州做法在上菜前会趁热淋上一匙绍兴酒，相信是有加分效果的。

一道成功的红蟳米糕，红蟳与米糕同等重要，但更重要同时也最难的，便是要让红蟳里卵黄的精华与香气得以渗入米糕里，这是串联两者的重要意义。关键之一便是食材，红蟳若不够饱满丰美，

【吃台菜，学俚语】老人食红蟳。
【释义】管（讲）也没效。老人牙口不好，即使给他红蟳的蟳脚也咬不动。

脂香当然难以渗入米糕里；另外，火候也须掌控得宜，蟳黄过熟则
干硬如石块，过生又上不了台面。

喜筵上的要角

红蟳米糕多见于婚宴中，但如今在传统台菜餐厅也能见到这道
菜。红蟳的多卵让人联想到多子多孙的意涵，不过对现代人来说，
米糕恐怕比红蟳来得重要，毕竟见到丰润卵黄会让人直接联想到胆
固醇，对那如斯巴达战士勇猛的蟹螯更是敬谢不敏。喜筵桌上熟人
同桌叙旧都来不及了，谁有时间啃蟹螯；与不熟的人同桌，也不想
让人见到自己滋滋唧唧与碜牙声。最后只见彼此客气地推辞或劝用，
然后闷着头扒两口米糕代表"到此一游"，再让转盘继续驶往邻座去。

在办桌场子里要吃到红蟳米糕很容易，但要吃到好吃的就不简
单了。总厨师为了时效性与安全，晚上喜酒七点入席，下午三点红
蟳米糕早早就做好，到了上桌前再回温加热。红蟳初蒸都不见得能
掌握好火候，更何况二次复热，可怜的红蟳等于火葬两回，蟳黄会
硬如石块也不足为奇了。还有的商家图方便，红蟳与米糕是各自完
工，上桌前才将两者合体，这也失去红蟳米糕的精神。

更有些商家为了预算，找其他蟹类来充数，红蟳米糕往往是第
五、六道的酒席菜，此时长一辈的往往已酒过三巡，难以觉察，晚
一辈的又不识红蟳本尊，一切就在混乱中度过，至于是红蟳米糕还
是红蟹米糕，已不重要了。不过也有厨师认为，红蟳只是一种迷思，

是市场炒作出来的产物，只因红蟳价格昂贵才被当作场面菜，事实上菜蟳口感都比红蟳好，没必要墨守成规。

红蟳米糕的摆法是用米糕铺底，再把蟳身拼凑合体，最后覆上蟳壳还归原貌。但商家同时要处理大量食材，一人拆壳，一人清洗，一人斩蟹，因此拼凑起来往往非同一只红蟳，有时店家忙中有错，还会出现十二脚红蟳。

蟳壳的摆法是关键，朝内或朝外派各执一词。赞成壳面朝外者认为，摆壳用意在于展现红蟳油亮火红的硬壳，掩盖参差不齐的蟹身，且能让蟹脂顺势下滑至米糕。另一派则拥护壳底朝外，用意在于展现扎实肥厚的蟹黄，一上桌便自信地亮出底牌，阿霞饭店就属这种。还有一种更文雅的做法，蟳壳仍盖上，只是预先把蟹黄挖空平铺在米糕上，宾客不需再以勺挖取，让吃相文雅又不露贪相，台北福华饭店就采此做法。

食出新味道

林语堂是真正的吃家，约莫在 1963 年，当台南阿霞饭店还是个路边摊、被称为"小食馆"时，大师早已先行一步吃到红蟳米糕，而且吃好逗相报 [10]，跟女儿林太乙说："阿霞的螃蟹是自己养的，那么肥厚的蟹黄，我从未见过。"名人加持加上确实货真价实，"阿霞饭店"不仅远近皆知，红蟳米糕也因此一炮而红。

林语堂误会一箱箱的活蟳是阿霞养的，阿霞虽不养蟳，但挑

【吃台菜，学俚语】脚手慢钝食无分。
【释义】手脚太慢的话就吃不到。

蟳功力强。将每只蟳都对着光源检查,是店家对供货商的做法。一笼蟹、一只灯,就像在挑钻石般,等级不够的就得退货。料好、实在,使得红蟳米糕深受好评,阿霞友人便送来一尊铜塑"蟳仔公",二十六年来红蟳米糕越卖越好,店家每天早晚均向蟳仔公上香,保佑生意兴隆,蟳仔公也因此成为店内精神象征,被安座在墙上的神桌旁。您到阿霞饭店时,不妨也拜望一下蟳仔公的身影。

从阿霞饭店出走的前主厨吴明洁,自立门户开了一家小店"知味烧烤"。虽说是一家专卖海鲜加烧烤的小店,但仍保留了阿霞饭店"红蟳米糕"这道做法繁复的名菜,"我的做法与过去一致,但为了与现有的阿霞饭店有所区隔,独舍弃了花生这项配料。"他说。

糯米弹牙而深深入味,每口米饭都吃得到配料,蟳肉鲜、蟳卵肥,若非为了宴客、纯粹是自己嘴馋,熟客们往往会溜到"知味"来吃。

近来,红蟳米糕的口味越来越花俏,像"海霸王"的红蟳米糕就在米糕里加入蛋酥,认为糯米较软滑,加入酥脆蛋酥还可增加香气。台北侬来餐厅的红蟳米糕则加入了莲子,让这道菜看起来更贵气,咀嚼也较有层次感。但还是以沈葆桢后代沈吕遂所开设的"翰林筵"最为极致,一般所见是一只蟳配上米糕,但在沈家做的却是"看似一只蟳,实有两只蟳"的红蟳米糕。

翰林筵的红蟳米糕,是先将一只蟳蒸熟,将所有蟳肉剔出密盖避免曝干,再将蟳壳以小火焙之,将蟹壳烤香了再入锅熬高汤。待

蟹高汤与大骨高汤兑过后，用来炒生糯米，糯米炒熟后拌入香菇、肉丝等配料，再加上之前剔出备用的新鲜蟳肉，如此一来，米糕里也吃得到浑然天成的蟳香、蟳味。上桌时放在糯米上、卵黄饱满的则是全新的另一只红蟳，望得其形，食得其味，可谓极致。

若沈葆桢还在世，沈吕遂便要称他高祖父。综观福州菜，除了官府菜，坊间多是"郊菜"，也就是路边搭棚办桌的那种，大多"学其形而失其神"。他们这支脉来到台湾，虽已无家厨，父亲沈祖湜是中央银行职员，也非官员，但家中饮食习惯仍承袭官府菜遗风。"有时有亲友到家中打牌，如果父亲看到菜肴看不到水准，便会要人端回厨房再做一份。"

怎样叫达不到水准呢？"没规矩。"福州菜是文人菜，做菜要有规矩，该放的佐料没放，该有的火候没有，该注意的细节却草草带过，在最后上桌时都会一一曝现。没有遵守这些准则就不可能好吃，也因为沈吕遂在这些方面仍然守着规矩，才使得他的福州菜让人寻找到一些与台菜相关的根源与脉络。

【吃台菜，学俚语】食饭皇帝大。
【释义】没什么事比吃饭更重要。

最具代表性的台湾酒家菜
鱿鱼螺肉蒜

　　酒家没落了，早年的酒家菜在市面上也不容易吃到了，不过有一道"鱿鱼螺肉蒜"仍保留在多数的台菜餐厅里。

　　这是一道小火续煮的汤品，光从菜名便能知道主角就是鱿鱼、螺肉与蒜苗。干鱿鱼是阿根廷的，螺肉罐头是日本的，主要的食材都不是来自台湾，却能说明了台湾进口外国食材，进而影响到本地的饮食。

鱿鱼螺丝蒜的由来

　　关于鱿鱼螺肉蒜的由来有三种说法，一种是从家庭宴客菜演变成围炉菜，再流传到酒家的一道火锅料理。一种则是日式罐头的台式运用，另一种则是饕客们的创意杰作。

　　有四十五年台菜经验的欣叶行政总主厨陈渭南说，早年家家户户不定时会采买一些干货，但平常只保存而不吃，到了宴客、节庆时才会取出来烹调。过年前更会去采购一些南北货，二一添做五，就成了围炉餐桌上的加码戏。

鱿鱼螺肉蒜锅一开始雏形只是"鱿鱼蒜锅"，用料不像现在那么多，但干鱿鱼是一定有的主角。干鱿鱼体积小，轻又容易保存，是很受欢迎的干货。把鱿鱼剁块状，加入一些炸熟猪肉块、香菇片，而蒜苗与芹菜正好是冬天蔬菜，全入煮即成一锅。

随着经济条件渐渐好转，一般家庭虽然不见得买得起鲍鱼罐头，但一年买一次螺肉罐头是没问题的。当时最好的品牌就是日本进口的"双龙牌"，螺肉油亮甘甜，可以是前菜拼盘，也可以是下酒菜。后来有人灵机一动，把螺肉加入鱿鱼蒜锅内一同煮，就变成了"鱿鱼螺肉蒜"。罐头内残余的螺汁倒掉太可惜，于是也统统加到锅内，原本螺肉咸甜味甘就很讨喜，加入了螺汁的汤头更加甘甜，简直点石成金、美味非凡，成了家家过年必吃的围炉菜，后来更逐渐流传到了外食市场。

第二种说法是，日治时代结束后，还有些日本商社在台湾开设分公司，公司福利好，员工经常可以配给到一些民生用品或罐头。某次，一位员工下班后上酒家去，就拎着刚领到的螺肉罐头给店家出题考试，师傅于是做出了"鱿鱼螺肉蒜"这道料理，因为大受好评而流传下来。

最后一种说法则是在蓬莱阁工作过的名厨黄德兴说，"这是我认识的饕客们想出来的一道菜"。

他约在1970年前后任职于北投嘉宾阁，当时台大骨科名医陈汉廷（逝于1983年）、绰号"阿辉"的妇产科医师，与一位开货车的司机"阿华"，三人经常相偕上门大啖美食。

【吃台菜，学俚语】开粿，发家伙。
【释义】粿口裂开，象征家运会蓬勃发展、更加兴旺。

　　"当时由陈医师与阿辉共同开的菜单，他们说想这样吃吃看，再由阿华把菜单交给我"，黄德兴说，菜单上写的食材有番茄、猪肚头、排骨、干鱿鱼、芹菜、蒜苗，最后加上从朝鲜走私进口的螺肉罐头。"我将这些配料炒过，放入半烟囱筒状的火锅上煮，不时添点炭火。"

　　"他们尝过后都大赞风味棒，我也就把这道菜放至平时的菜单内。"他说，酒家在走入地下化后，酒家老板对于菜色求简便快速，使这样的火锅料理得以盛行。但很多人觉得加入番茄味道不搭，或者不爱吃猪肚，以至于后来版本就没再见到这两样配料了。

螺肉滋味赛神仙

　　无论台北酒家还是北投温泉饭店，有两道菜是少不了的，一道是"螺肉"，一道就是"鱿鱼螺肉蒜锅"。下酒菜用的螺肉并非只是把罐头打开、原封不动地倒到盘里，而是要先用小锅小火煮，待螺肉表面被收干的酱汁覆盖得"黑金啊黑金"才可上桌。入口一边用舌尖舔舐蜷曲的螺肉，一边吸吮那甘甜稠汁，还有可比拟鲍鱼的弹牙咬感，滋味赛神仙。

　　正式的酒家桌菜有"六六大顺"十二道菜，一般则是十道菜（八菜二汤），其中二汤为一羹汤、一火锅。有些人到酒家已经是第二摊，吃得不多，就吃"半桌"，指四菜一汤或五菜一汤，这一汤，便是鱿鱼螺肉蒜。

带点咸甜的螺肉原本就是很好的下酒菜,小火炉续煮的"鱿鱼螺肉蒜"喷发出的甘甜气味就在包厢里缭绕,咕噜咕噜汤头冒泡声还有炒热气氛的作用。"鱿鱼螺肉蒜锅"于是在酒家登场,尤其搭配浓度高的烈酒享用,效果更佳。

鱿鱼螺肉蒜锅不只出现在酒家,也是办桌的重头戏,象征流水席的高潮。有钱人还会在汤里加上干贝,不仅展示财力,也代表阔气大方。

鱿鱼是早年家中圣品

鱿鱼螺肉蒜的双杰之一"干鱿鱼"因为体积轻、易保存,在早期没有冰箱的年代里是家中的海鲜圣品,其中又以阿根廷的公鱿鱼为佳。公鱿鱼肉厚,身窄,口感富咬劲,平日有机会到干货店时都会顺便采买,反正无时间限制,可久放,若等到过年前的尖峰期再采买总会涨个一两成,没必要当冤大头。

干鱿鱼放置一段时间后,鱿鱼表面会自然析出一层白色盐分,代表品质好,未受潮或发霉,就像干鲍表面的白色粉末一样。摆着还有一个好处,万一客人来访,家中至少还有一两样像样的食物能端上桌,这就是台湾人待客的热情。

干鱿鱼不仅拜拜时可充当三牲,也可运用在客家小炒、煮螺肉蒜汤或火锅汤底。另外还有一种吃法也很迷人——冬天在家门口炭烤鱿鱼。高雄六堆六十七岁客家人钟招松回忆:"爸爸会炭烤鱿鱼当

【吃台菜·学俚语】人无亲,食上亲。
【释义】很多人不见得是好朋友,只是有酒有肉时才会聚靠过来,暗指酒肉朋友。

下酒菜，那炭香与鱿鱼香弥漫整屋子，哪轮得到我们小孩子吃，只能在一旁光想而已，也不敢开口要，只等父亲心情好，顺手掰下一小截须脚给我。鱿鱼虽硬，正好可以嚼很久，越嚼越甘甜。"烤好的鱿鱼蘸酱油吃，一口尝尽甘甜咸苦。

　　台湾有九成干鱿鱼来自阿根廷，市价约一斤 500 元。但 2010 年因为智利发生地震，加上气候因素的影响，鱿鱼鱼获量出现史上新低，盘价飙涨了将近一倍。气候异常日趋明显，以后想吃干鱿鱼，价格大幅波动恐怕是难以避免的。

台湾最珍贵的伴手礼

乌鱼子

　　乌鱼子并非只有台湾才有，西班牙、意大利萨丁尼亚岛、日本长崎均有产，不过台湾人有自己的独门制法和独门吃法。台湾人过年总少不了要采买乌鱼子，那是最珍贵的伴手礼，而台菜餐厅的菜单上自然也少不了这道菜。更重要的是，乌鱼这个一年只来一次的朋友，跟台湾之间有着说不完的故事。

乌鱼子胜过劳力士

　　乌鱼子像是期货，台湾没有一种鱼能像乌鱼子这般，连年成为财经版面的话题，就如同股票一般，每年价格起起落落成为焦点。乌鱼子是昂贵的象征，在"选罢法"尚未规定30元以上就算贿选前，就曾有候选人在投票前送乌鱼子给选民，被视为贿选移送法办[11]。

　　如果说老天爷曾经亏待过台湾人，那乌鱼可以说是一种珍贵的补偿。一到冬至前后，汛期来临，野生的乌鱼从渤海一带往南游，游到台湾东港与菲律宾一带产卵，下完卵又沿路折返。吃鱼卵成痴的日本人很气，乌鱼吃日本的、住日本的，等到吃饱喝足

【吃台菜，学俚语】乌矸仔贮豆油。

【释义】黑瓶子倒入黑酱油，意指让人看不出原来实力这么好。

要生宝宝了，就乖乖游到台湾来，而且绝不失信，因此又被称为"信鱼"。冬至那段时间，西部沿岸的渔民几乎只要走到家门口，乌金就自动送上门，而日本人却还得花大把银子，买台湾的乌鱼子回去。

"我在日本曾受到日本客户招待用餐，远远看到餐桌上一个餐盘，上面有非常美丽的花瓣，走近一看，才知道原来是乌鱼子！居然被片得薄如蝉翼，整个贴在盘面上，让我误以为是盘子的一部分。"云林县养殖发展协会前理事长曾焕佾说。

只见同行的日本人取一片乌鱼子，放在嘴里粘贴在上颚，再用舌头沾沾舔舔那细致的颗粒感与咸香的气味，仿佛含着片。接着取下放一旁，啜一口清酒，再含一口乌鱼子。就这样，一瓶酒都喝完了，一片乌鱼子还没吃完，这景象让曾焕佾惊讶不已。

曾焕佾一家四代都是乌鱼养殖户，他回想起父亲那个时代，展现财力雄厚可不是戴劳力士金表，而是"把乌鱼子放长裤口袋里，嘴馋了就拿起来啃几口"。能把乌鱼子当零嘴吃的，在台湾除了乌鱼养殖业者，再就是有钱人了。

巨贾邱永汉曾说童年时期，父亲每年过年均会买许多乌鱼子，换算成现在的币值，每年都会买上二十万元！有些用来送礼，多数是用来自己品尝，而且"每晚都少不了乌鱼子，要一直吃到中秋节前后"。早期没有冰箱，大家会把吃不完的乌鱼子用玻璃纸包裹，放入马口铁罐内密封，再寄放在渔会的冷藏库里，每月取一两罐出来吃，这成为他童年记忆的重要部分。

捕乌这行当

说到乌鱼子，不能不提到乌鱼。早期捕捞乌鱼的方式很阳春，也很上道。

乌鱼的捕捉期间是每年 12 月至翌年 1 月，一到了乌鱼汛期，开始就会有几组人马划着竹筏在沿海巡逻。这是件苦差事，冬天气候非常冷，更何况是在海上，可不是天天都能中奖，经常是无功而返。渔民们凭靠着经验观察，一发现鱼群便赶紧以信号通知岸上的队友，队友们便会整装待发，乘上装着渔网的竹筏出发。

道上规矩是，报马仔有功，值得犒赏，因此最先发现的渔民总能得到多一点好处。在捕乌网顺水的一方会开一个小口，放一只如麻袋的小渔网，等到大网缩小范围时，受渔网威胁而感到惊恐的乌鱼，自然会误以为"网开一面"，因此便往那小口处钻，其实进是一刀、出也是一刀，那些乌鱼就成了最先发现的渔民的红利。这个惯例一直保留下来，成了捕乌的行规。

行规后来就遭到了破坏，大陆渔民也想捕乌鱼，就找了台湾渔民去教他们。现在，大陆渔民也很会捕乌鱼了，这些外来渔民才不管道上规矩，会跑到台湾的海域捕乌鱼，侵门踏户，于是经常会发生本地渔民与外地渔民间的"抢乌"事件。

抢乌是什么呢？捕乌鱼的船不算"艘"，而算"组"，两艘为一组，需靠通力合作才能成功捕捞。当两艘船下网正在围捕乌鱼，一

【吃台菜．学俚语】乞食身皇帝喙。
【释义】形容说话内容过度渲染，与身份不符。

些刁钻灵活的胶筏就会直接跑到乌鱼网上抛网，成了"网中网"的状况。胶筏要的不多，捞一笔就闪，这种坐享其成的行径，看在最早发现乌鱼的渔船眼里当然不满，但许多船主也敢怒不敢言。曾经有船主出言喝斥，结果惹得对方恼羞成怒，就在闪人时用刀割断大渔网，让乌鱼跑掉一大半，真的就"化为乌有"了。

还有一种胶筏的做法正好相反，他们会沿着大船的捕乌网旁协助拉高渔网，减少"跳乌"损失。但可别以为他们志在参与、不在得奖，而是打着"见者有分"的如意算盘。若收获不错，有良心的大船会让他们"分红"，专业捕乌的巾著网渔船通常都会论功行赏，按比例分给这些打游击战的胶筏[12]。

至于什么是跳乌呢？当渔网范围缩小、乌鱼走投无路时，便会急中生智，跳出高于海面三四米以求翻出网外。但道高一尺魔高一丈，渔民们也早有准备，每人手拿小渔网像捕蝴蝶或蜻蜓一样，在乌鱼跳出海面的一刻趁势捕捞。那可要眼明手快才办得到，俗话说"脚手慢钝吃无分"，就是用在这地方。

与乌鱼息息相关的词句，除了"跳乌"、"抢乌"外，还有"正头乌"、"回头乌"，以及很特别的"乌鱼贷款"。当野生的乌鱼游过台湾海峡，再游经东港枫港，这时母鱼与公鱼都丰腴肥美，就是俗称的"正头乌"。另外，受到洋流挤压关系，母鱼产下鱼卵后会再往北游，就像产妇一样，产完卵、所有营养都给了宝宝的母鱼非常虚弱，无论公母都瘦巴巴，被称为"回头乌"。大家不抓回头乌，除了因为品质欠佳外，也是希望让乌鱼回乡，等待明年再来，生生不息。

【吃台菜，学俚语】三碗饭、两碗菜。
【释义】比喻夫妻即使不富裕，也要能相互扶持过日子。

工欲善其事，必先利其器，光靠传统捞网或竹筏捕捉乌鱼是不够的，这就像面对一头肥猪，手中却只有一把安全小刀。早年渔民普遍经济不富裕，渔具也不便宜，为了添购更厉害的捕乌渔具，以及支付因气候不佳而无法出海时的日常开销，渔民便会向渔会等单位贷款，这时特别的"乌鱼贷款"就诞生了。乌鱼贷款很像是借给渔民"赌本"，有了好的收获，渔民就有钱可偿还，大丰收时甚至还能一夜致富。但既是赌本，自然也有赌输的时候，有段时间连续三年，乌鱼的捕获量锐减，渔民还不出钱，便转向地下钱庄借钱，最后连渔具都拿去典当，一辈子翻不了本。

从野生到养殖

老天再怎么愿意补偿也有个限度，台湾的野生乌鱼捕获量正快速减少，其中气候是原因之一，温室效应使得海水温度逐年上升，乌鱼折返点往北移。但更重要的是人为因素，暴露的是长期以来两岸渔民的海上争夺戏码。大陆渔民觊觎乌鱼的经济价值，早年不懂如何捕捉乌鱼，就粗暴地炸鱼，鱼被炸死了，但鱼卵尚未饱熟，且鱼体受到破坏，鱼卵也不美态。

记得有次跟台中"黑潮の食堂"老板陈泰隆聊到黑鲔鱼，台湾的黑鲔鱼捕获量逐年锐减，原因不一定是黑鲔鱼数量减少，而是邻国也发现了黑鲔鱼的高经济价值。台湾与菲律宾有经济海域重叠的问题，当年的"满春亿号"事件，菲律宾的水警枪杀了台湾渔船的

船长，还抢走了渔获。事后菲律宾水警虽然被以杀人罪起诉，却没有具体求刑，因为两地没有邦交，因此也无法引渡来台。这说明了台湾在海权上的弱势，也显示出台湾渔民在讨海时所遭遇的种种困境，只能被打落牙和血吞。后来渔民为求自保，根本不敢靠近一步。"他们不用懂得如何钓黑鲔鱼，只要船上准备几把枪就行了。"陈泰隆嘲讽又心酸地说。

总之，抢乌事件约在八年前终于画下句点，并非两地渔民和平共处，而是台湾捕乌的辉煌年代告终。台湾捕乌鱼的全盛时期约在1980年代，当时约有二三百组捕乌的巾著网船，渔获量多时能捕到两百万尾。但到了2002年却只剩下八组，捕获量连二十万尾都不到。据"渔业署"统计，1953年台湾野生乌鱼捕获量还有5000吨，但到了2006年锐减至193吨。

两年前南台湾只剩一艘捕乌船"联春满号"，有时出海千尾都捕不到，连贴补油钱都不够。同一时期，大陆却有五百组以上的巾著网渔船，一消一长，就没什么好争的了，也不用再冒捕乌的机会成本与风险，直接向对岸购买即可，事实上，大陆所捕捞的乌鱼几乎全数卖给台湾。

渔民们的海上野生乌鱼奋斗史才告一段落，台湾的乌鱼养殖就在同一时间崛起。居然也能让这种原本有固定洄游路线的乌鱼改变习性安分地待在固定地方，还能控制雌雄，让它乖乖产卵，这可以说是台湾的另一个奇迹，也是一项世界性的试验纪录。

台湾的乌鱼养殖从2001年的1515吨，到2007年达到近3000

【吃台菜，学俚语】食甜甜，明年生后生。
【释义】喜宴常用祝福用语，意指吃完甜食得以早生贵子。

吨，短短六年就以翻倍数量成长。我们所钟爱的乌鱼子，正左右着台湾一群又一群人们的人生。

曾焕佾说，早年自己也会跟着出海捕乌鱼，但有部分的乌鱼会饲养在沿海砌成、很阳春的土墙养殖池里。台风一来，池子就被海浪冲垮，冲垮又重砌，如此不断重复，慢慢地才有了健全完备的养殖池。如今云林已是台湾最大乌鱼养殖区，其中口湖乡又是云林产量最大的地方。

乌鱼很神奇，一开始是雌雄同体，若是养殖乌鱼，通过控制饲料的酸碱性，能让乌鱼性别变成雌鱼。养殖业者第一年就会过滤乌鱼性别，雄鱼会被淘汰弃养，因为养雄鱼不划算，即使乌鱼膘（乌鱼的精囊）美味，但价格只有乌鱼子的一半左右，却要花费同样的饲料与人力。因此到了第三年，就几乎九成均是雌鱼，不需将鱼全捞上来再分公母。但也不能全是雌鱼，还要留一成的雄鱼平衡。若雄鱼过多，一到发情期会全围着母鱼追逐，双方都会因为"忙得不可开交"而忘了吃饭，就变得瘦巴巴，鱼卵也不够肥美。

一到了东北季风时节，乌鱼养殖户约在 11 月底便开始"抢收"乌鱼子。野生的乌鱼若未被人类取卵，是会自然产卵的；虽然养殖的乌鱼鱼苗也是取自于野生，但养殖的乌鱼并不会产卵，只会化为脂肪流回体内。如此一来，对养殖户来说，就真的化为乌有了，所以养殖户也要跟时间赛跑。

按理说，本土养殖乌鱼子行情应该看俏，确实也有不少养殖业者手戴劳力士、开名车，但就跟所有生意一样，有人赚，有人赔。

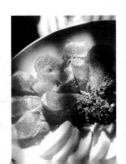

乌鱼要养到第三年，产下的鱼卵才有经济价值，也就是说前三年都
只有支出，没有收入。水电要钱，饲料要钱，还要面临天灾风险，
随时来个大停电，都可能使得乌鱼群暴毙。就算三年安然度过，有
的养殖户一开始没买到好的乌鱼苗，过了三年，乌鱼虽是平安长大，
但鱼卵就是不饱满，但三年的时间与金钱都投进去了，到底要赔本
含泪出售，还是要多等一两年？但一两年后也不代表卵就会肥大，
这些不确定因素对养殖户是很大的挑战。

　　另外，乌鱼至少要三年才会收成乌鱼子，如果没足够的财力养
三区鱼池，那么收成完后还要再等三年才能有收成，又是一个充满
风险的漫漫三年，该要如何过活？

　　不只如此，过去养殖户培育出的乌鱼子大多由中间商大量采购，
中间商再委托加工业者制作成乌鱼子，旋以高价售出。养殖户投资
高风险与时间，却非最大获利者，就跟种稻的农民一样，收成的稻
子也要看粮商说话。为了不再让中间商剥削，有养殖业者也开始自
行投入乌鱼子加工行列，让养殖、加工、销售得以一条龙作业。

　　近年台湾乌鱼子有上涨趋势，不过并非越来越受欢迎，而是与
本土养殖户弃养有关。这十年来，乌鱼养殖户流失掉十分之九，"已
经连续五年赔本，换成谁都吃不消。"饲料凶涨、病虫害等因素，使
得许多资本不够雄厚的人纷纷退出黑金天堂，即使近年乌鱼子市售
价上涨一两成，也不见养殖户露出笑脸。"涨价也没赚钱，因为饲料
与水电费都上涨。"台湾人与乌鱼子的爱恨情仇，似乎仍然会继续纠
缠下去。

乌鱼子的挑选与加工

乌鱼子该怎么挑，一直是店家与买家之间的话题，既然要买乌鱼子而不是买明太子，就是希望买到台湾正港货。

如果还以为现在吃到的是"台湾名产乌鱼子"，这句话可能要打折扣了。早年大家到台北八里，总要去吃炒孔雀蛤，但现在多数店家卖的都不是本地产，而是进口货。蚵仔煎是台湾小吃，但吃到的蚵仔也可能来路不明。

台湾的乌鱼子进口量很大，据渔业署统计，2007年进口到台湾的乌鱼子量高达203吨，换算成平均一付八两来计算，市面上就有两百多万付的进口野生乌鱼子。

之所以会有进口野生乌鱼子市场，就是因为很多人一听是"野生"的乌鱼子，就认为是好或贵，因为"自然就是美"。其实这么说只对了一半，以本土的野生乌鱼来说，觅食几率不一，肥瘦品质不一，因此要能取得本土野生肥美的乌鱼子，就跟娶到美娇娘的几率一样，可遇不可求。

而进口乌鱼子虽是野生，但也有缺点。国外不懂乌鱼子的加工处理方式，多以冷冻方式进口台湾，到了台湾再进行加工制作。空运的成本过高，且还要解冻、处理、再冷冻，自然会影响品质与鲜度。

如果到台北贩卖乌鱼子的大本营迪化街去，问店家乌鱼子是台湾的还是进口的，店家如果没有失心疯，一定会斩钉截铁地告诉你

【吃台菜，学俚语】第一看喙齿，第二卖凉水。
【释义】最赚钱的行业，首先就是牙医，其次是卖冰饮的。

是台湾东港的野生乌鱼子！如果接着再问进口跟本土怎么分，他内心肯定会嘟囔着："哼，想套我话！"然后回答："不知道，我们没卖。"要如何分辨出本土与国外乌鱼子的差别，老实说，连专家都说几乎不可能。就像光看一颗心脏，医师也不见得分得出来是黄种人还是白种人的呀，因此也使店家有这么多价格上的模糊空间。

那么，再让我们到乌鱼子加工厂的大本营高雄茄萣、梓官一带看看。过去本土野生乌鱼会游至高雄、屏东一带产卵，于是便兴起了乌鱼子加工业。不过现在产量锐减，这一带所制作的乌鱼子也难保是本土野生，甚至到此买乌鱼子，没有熟人介绍也买不到真正的上品。

过去市场行情是以本土野生最昂贵，其次是进口野生乌鱼子（以美国最大宗，其次是巴西与澳洲），最便宜的是本土养殖乌鱼子，只有本土野生价格的五分之一。因此早期本土养殖的乌鱼子不敢正名，为了要卖得好价钱，养殖业者会混充是野生乌鱼子卖，这也是乌鱼子市场为何如此混战的原因了。

取鳍肉的正字标记

像前文说的，又不是CSI，光看乌鱼子谁知道它的祖宗八代！大闸蟹即使打了雷射标签，还是有可能碰上冒牌货。十二年前，为了区隔本土乌鱼与进口乌鱼，于是研究出在乌鱼子衔接处留一块鳍肉作为证据的方法。

【吃台菜．学俚语】六月刈菜假有心。
【释义】农历六月时芥菜成长速度快，菜心尚未长肥就开花凋谢，此时的菜心并不适合用来腌渍，后被用来指人虚情假意。

　　一开始消费者跟经销商都反对，认为养殖业者这么做是为了加重乌鱼子的重量，但经由不断改良，从四方形肉块到现在只有一小块，已臻成熟境界，成为本土养殖乌鱼子的商标。还有人吃到那块腌制过的小小鱼肉时，觉得美味可口，问能不能只买盐渍的乌鱼肉。

　　如今，取鳍肉已经变成一门技艺，并不是所有人都做得来。在乌鱼收获季节，鱼市场旁会出现一条简单的生产线，一人剖开鱼肚，一人取卵割鳍肉，一人清理乌鱼壳。不仅要取乌鱼子，还要取乌鱼腱（乌鱼的胃），乌鱼腱是一种灰色球状物，吃起来脆脆的富嚼劲。两者都取出后，乌鱼就宛如剩下空壳，人称"乌鱼壳"，这时摊商会前来批货，运送到市场上卖。

　　在云林县口湖乡一带还兴起乌鱼的"取卵大队"，需要专业人士才能担任这项任务，否则下刀过猛会连鱼胆也一起割破，进而污染到鱼卵。这留鳍肉虽是下刀时手扭个弯就取得到，但技巧不够娴熟便会有时肉大有时肉小不够漂亮，取卵大队不仅在地方上走路有风，还会到鹿港一带帮其他养殖户取鱼卵。

　　2008年台湾乌鱼子鉴赏大赛银牌奖得主庄国显，提早在捕捉乌鱼的过程中就"动手脚"，在捕捉乌鱼的那一刻就先进行放血。他的逻辑是，当血污流到鱼卵里时，会使得鱼卵离水便开始产生腥味，直接影响到乌鱼子的风味。过去经常看到有人买乌鱼子时抬得高高地透光看，看的就是里头有没有完整血脉，如果没有，很可能是商家把破损不全的乌鱼卵直接填入人工肠衣里贩售。而庄国显的乌鱼子也不太看得到血脉，是因为血早就放光的缘故。

许多报章杂志都提过乌鱼的加工过程，包括去除血污、抹盐腌渍、以砖压制、用水冲净、用布吸水、日晒风干等等过程。其中有一派以桧木来压制乌鱼子，认为这样能让桧木香气渗入乌鱼子里。还有一派却认为这样会干扰乌鱼子天生的气味。爱哪款可就见仁见智了。

另外，关于乌鱼子上面的那层膜，留与不留也有两派说法，有人认为要让酒气进到乌鱼子里，还认为膜有时破损，从业者会用猪肠衣像胶带般把缺口补起，所以赞成剥除薄膜才好吃。但也有一派认为膜是乌鱼子的一部分，是很天然的产物，而且即使用猪肠衣贴补，猪肠衣也是可食用的天然食材，吃下肚并没有关系，所以赞成不用剥除。每人各有一套吃乌鱼子的方式，怎么吃也就见仁见智了。

乌鱼子怎么料理比较好呢？文史工作者曹铭宗通过长年的料理经验，结果发现与云林乌鱼养殖业者自家的调理方式大同小异，都认为用平锅煎较好。"我都先把乌鱼子的膜剥掉，用谷类酒（高粱酒、威士忌都可，葡萄酒不适合）浸一下，酒不必多。然后平底锅加热，不必放油，直接把乌鱼子连浸的酒放入锅中，等酒烧干、乌鱼子一面稍焦后，就翻面再煎到稍焦，最后起锅。等稍凉后再切薄片，刀子磨得愈利，愈能切出又大又漂亮的薄片。"

至于吃不完的乌鱼子，可磨成粉状拿来炒饭或做意大利面，滋味更胜日本人的明太子意大利面。

【吃台菜，学俚语】有钱食鲩，没钱免食。

【释义】有钱时就吃鲩鱼，没钱时就什么都不用吃。意指平时不要太挥霍，否则当失意时就身无长物。

最特別的台灣調味品「荫豉」

荫豉蚵仔

荫豉蚵仔里有很特别的调味品，就是荫豉，是台湾早期家庭里的共同味道，也是台菜中不可或缺的重要配角。什么是台湾味？荫豉就是台湾味。

说荫豉之前，先要说说酱油。黑豆制成了黑豆酱油，也就是荫油，黑豆发酵后的产物就是荫豉。早年台湾只生产黑豆，日治时代之后才开始进口黄豆，因此比起黄豆酱油，黑豆酱油更接近台湾古早味。

台湾可说是黑豆酱油最发达的地区，几乎家家户户都会自行酿制黑豆酱油，但也有人会跟酱油工厂买。小型酱油工厂林立于城乡间，其中以云林西螺的密度最高，目前仅存的荫油工厂多数有着悠久的历史，例如知名的丸庄酱油有百年的历史，瑞春创立于1921年、黑龙则创立于1944年。其他撑不住的不是被并购，就是消失在历史的洪流中。

酱油创造了台湾首富

黑龙酱油第三代涂靖岳说，早年他的祖母会骑自行车载酱油沿

街叫卖，需要酱油的人家便会把酱油空瓶拿出来，通过塑胶管装填。账呢，就先记着，等到这些人家家里稻子收成卖了钱再去结清，这是农业时代人与人之间普遍存在的一种相互体谅的默契。

比起黑豆酱油来说，黄豆可以用较少的时间与工法完成，这使得黄豆酱油迅速普及，价格也比黑豆酱油便宜，因此成为市场大宗。直到现在，制作黄豆酱油的工厂还是比荫油工厂多。

别小看酱油，曾经左右许多大人物的命运，台湾已逝首富蔡万春，早年就是经营"丸万酱油"起家，六福村的创办人庄福早年也曾创立"好家庭"酱油。

1955年曾爆发一起政府抽查市售酱油发现多数含过量添加物的事件，当时有十几家的酱油业者都被政府下令要在台北的淡水河旁倾倒黑心酱油，玉兔牌、鬼女神牌、原味均在其中，也包括"好家庭"酱油。据当时记载，十四万公斤的酱油一时之间把淡水河旁染黑了一大片，空气中充满咸香味，还有人忙着捡瓶盖，因为原味酱油的瓶盖内有抽奖活动。原本受欢迎的好家庭酱油因此事而大受影响，庄福与股东们决定结束酱油事业，改投资电影院，这成为日后六福王国的转捩点。

干湿两种风味

在农业社会中，豆腐乳、荫瓜、脆瓜、荫豉都是餐桌上常见的酱咸，其中荫豉同时含有咸甘甜香以及醍醐味，是一种很便利的调

【吃台菜，学俚语】食尾牙面忧忧，食头牙撚嘴须。
【释义】牙是指打牙祭，头牙是农历二月二日，如果老板一年之初就请员工吃饭，代表公司生意不错；如果到了尾牙才请员工吃饭，还要担心会不会被革职。早年有传统，尾牙有道菜是鸡料理，当鸡头对着谁，那人过完年后便要回家吃自己。

味品，可做成荫豉蚵仔、荫豉鱼干、荫豉排骨、荫豉白鲳等。

荫豉之所以与海鲜搭配得多，主要是因为早年没有冰箱，很多海鲜保存不易，而荫豉气味重，可以轻易盖过腥味。现在在很多餐厅也会看到清蒸破布子鱼，荫豉与破布子的背后都是气味偏重的荫油支撑，使食物吃起来充满咸甘味。

荫豉分为干、湿两种，两种的价差很大，湿的荫豉比干的贵上五倍。基本上，两者是在制作荫油的过程中不同阶段的产物，一个是精华，一个是残渣。

当黑豆经过烹煮、制曲、翻曲、洗曲、闷曲等过程后，就要进行"下缸"，也就是把处理过的黑豆放入带有盐水的大缸里，上头再覆盖一层粗盐，并且盖上封盖，置于室外进行日照曝晒（简称"日曝"）。黄豆酱油则不需要日曝，而是以低温或常温进行发酵。日照多的地方较适合从事荫油酿造，因此可以发现，台湾的荫油工厂多集中在嘉义、云林、台南等南部地区。

既然酿制酱油需要日照，那么何不干脆把工厂搬到四季如春的恒春去？丸庄酱油董事长特别助理庄伟中说，并不是高温日照多就好，还是要有节令调节，因为荫油虽覆上外盖，但长期处于高温中，仍会随时间不断蒸发。

日曝约莫两个月后，从酱缸内取出约一半的黑豆，这就是原味湿荫豉。荫豉还需要加热煮过，如果不这么做，荫豉会继续发酵，风味会随时间而不断改变，就没法子维持味道的一致性了。除了要煮，还要调味，否则味道生生野野的很不协调。可以加入麻油、糖

【吃台菜，学俚语】十二月食菜头，六月就转嗽。
【释义】意指如果种了因，假以时日必会有果。

等让味道更顺口，湿荫豉这才算完成。

也因为黑豆都要经过人工翻曲，因此每一批温度或发酵状况均有些微差异。每家调味的比例与配方都不同，因此每家的荫豉味道都不尽相同。

荫豉的由来

其余留在缸里的黑豆再继续日曝，取出压榨成汁就是成品荫油了。日曝时间可视各家的想法而定，有的坚持一百二十天风味最佳，有的认为六十天就好，有的则要一百八十天。但不管多少天，通过机器榨取所剩的黑豆渣就是阳春版的干荫豉。这些如湿黏土般的黑豆渣，经过盐水浸泡就会恢复胖胖鼓鼓完整的样子，再把这些荫豉晒干就成了干荫豉了。

以风味来说，湿荫豉体内是已经酿制两个月的壶底油，因此甘甜芬芳；但干荫豉体内的壶底油已经被抽干，继而填入的是盐水，甘甜与香气自然大打折扣。

以制程来说，仍在酿制中的荫油被取出了二分之一的黑豆，自然会直接影响到荫油后续酿制过程中的风味。就像煮龙眼干茶时，半途取走一半的龙眼干，煮出来的味道自然会变淡。厂家的主力还是在制作荫油，没必要做出动摇国本的事，也因此制作湿荫豉的必要性或意愿也就不那么高。以黑龙荫油来说，取出制作荫豉的黑豆量不到全数的百分之一，一个月也才制作一次而已。

干荫豉不同，只要制造荫油就一定会有下脚料，就当作是废物再生，有店家甚至懒得做成干荫豉，就卖给饲料业者做成猪、鸡的饲料。

不过，真的湿荫豉比较贵、干荫豉就便宜吗？也不全然，像丸庄的荫豉就不是荫油的附加产品，而是专门做的荫豉。但不同的是，一般荫油缸里会先放入盐水再倒入煮好的黑豆，但丸庄的荫豉缸里则没有加盐水，精华都留在黑豆里，不会又渗出精华变荫油。

有厂家会把湿荫豉直接晒干，做成干荫豉贩售，这种的价格也跟湿荫豉的价格一样，但把包覆其上的壶底油都晒掉了实在很可惜。

还有一种是欺骗消费者的，把干荫豉与盐水同煮，看起来就像湿荫豉，再以湿荫豉的价卖出。外观上难以辨识，不过一煮就知道，上当也就只有一次。

什么样的荫豉才是好荫豉？实在没有标准答案，幸亏荫豉不贵，可以先各买一点试试看，真的合口味了，再固定一个商家或一个品牌。

有一个问题：明明是日曝，为何是"荫"油呢？"荫"多指遮蔽的意思，应该叫做"曝油"、"曝豉"吧。后来涂靖岳告诉我，"荫"是取一个近似台语的发音，原意是指高温环境。

这答案令人感到纳闷，因为未曾听过这个用字，后来托友人询问"中研院"台湾史研究所专家，提到台语是有"hím-sio"（燖烧）这句用语，指锅或瓮加盖焖烧。不过不确定是否就是使用在荫油上面，若真是如此，以后应该要改叫燖豉仔、燖瓜仔。只是现在已经

【吃台菜，学俚语】豆油分你揾，连碟仔煞欲捧去。
【释义】酱油借给别人吃，却连酱油碟子也被拿走。意指给对方方便，对方却得寸进尺。

约定俗成了，所以还是照例用荫豉吧。

先前提到，许多人家都会自行酿制酱油，既然如此，当然也就会有荫豉。欣叶餐厅行政主厨陈渭南说："农历五六月太阳大，通常会利用这段时间曝晒荫豉，做成干荫豉。但碰上农历七月可就要赶紧收起来，鬼月总是有所忌讳。"荫豉约两个月就能制成，丸庄有荫豉 DIY 教学，有兴趣可与馆方联系报名。

青蚵嫂的眼泪

再说到荫豉蚵仔的蚵仔，则又是台湾另一种具有代表性的食材。

台湾养殖蚵仔已经有两百多年历史，在郑成功时代就曾经针对牡蛎养殖课税。蚵仔总让人想起一首台湾民谣《青蚵嫂》，"陆委会主委"赖幸媛曾向来访的海协会会长陈云林介绍一幅台南七股蚵田画，告诉他《青蚵嫂》这首歌代表台湾渔村妇女的坚毅精神，后来这首歌就成了大陆电视剧《海峡往事》的片头曲。这首曲调来自恒春民谣"台东调"，恒春人称之"平埔调"，因为原是平埔原住民的歌曲。这是小调，所以听来透露出一股无奈、淡淡的哀怨与委屈，也有人以这首歌来代表台湾所处的地位。

为什么青蚵嫂会有歌，乌鱼嫂没歌？乌鱼嫂忙归忙，当乌鱼子收成时，还是有机会数钞票的。不像青蚵嫂，绑好九十个蚵壳才换到十元，一天日薪顶多两三百元，难怪要怨叹了。事实上，台湾蚵虽然产量不少，却竞争力低，敌不过加拿大进口的大生蚝，也敌不过中国大

陆低价倾销的蚵仔，这使得蚵农生活一直未见大幅度改善。

选蚵仔，有技巧

我们到超市或菜市场，经常看到一个长塑料袋，里面灌满盐水与蚵仔。优点是可使蚵仔在运输过程受到水的保护，不致因碰撞而受损；缺点是里面盐水浓度如果不对，蚵仔体内便会虚胖。而且透过塑料袋看蚵仔，就像把鱼放在鱼缸里，会错觉蚵仔很大颗，难以判断店家卖价是否合理。

多数商家会用自来水清洗，锓（读音如"铅"，用尖锐器具挑出鲜蚵）过的蚵仔如果一颗十克，一旦放入水中，半小时后就变成十四克，看起来确实很大颗，但吃起来没有膏香而是像水球。

一些有品牌的蚵仔会用近似海水比例的盐水清洗，因为盐度的关系，蚵仔比较不会虚胖，因此蚵仔的个头虽然不大，但是扎实的，煮了之后也能保留九成原貌，当然价格也相对较贵。

牡蛎烹煮时会"出水"是正常的，但出水太多就不正常了。出水太多一种是事前灌水，另一种可能，就是有商家把蚵仔泡在磷酸盐溶液里。听起来很恐怖，不过它是合法的食品添加物，重组肉里也会添加磷酸盐。如果发现看起来有十元硬币大小的蚵仔，一煮之后却变成一元硬币大小，很可能就是添加了磷酸盐，食用太多对身体当然不好。

市面上有些店家的蚵仔面线、蚵仔汤，习惯把蚵仔裹上番薯粉，

【吃台菜，学俚语】查埔爱食望人请，查某爱食望生团。
【释义】男人想吃大餐就要依赖别人请客，女人若想吃大餐，就要等生小孩坐月子。引申为男人若想要有好将来就要有工作，女人想要有好将来肚子就要争气。

像是加了一层保护膜，就是不希望蚵仔越煮越小，也可以让蚵仔看起来比较大颗。

除了台湾蚵仔，台湾人吃大陆蚵仔至少也有十年以上的历史了，却直到五年前一次破获大陆走私来台的蚵仔，才使得大陆蚵仔流入台湾的问题正式浮出台面。

当时在报上台湾蚵农曾教大家如何分辨："在口感方面，本土蚵肉弹性好、吃起来鲜甜；大陆蚵肉则松软，吃起来粉粉沙沙的，而且偏白，像 A4 纸张的那种白。"[13] 天和鲜物行销副总蔡明钦说："因为从大陆运送到台湾需要三四天时间，蚵仔又需要保鲜，因此会加入防腐剂，正常的蚵仔是乳白而非洁白。"

不过这种辨识方法并没有太大效果，夜市里一些不肖的蚵仔煎摊贩想赚钱，自然能找到门路买廉价蚵仔，价格只有本土的一半，加粉、加酱、加菜，就能达到"鱼目混珠"的效果。

或许你也会抱不平，为什么国外的生蚝可以生吃，台湾的蚵仔却不行？因为台湾蚵仔的生菌数太高，国外的生蚝在采收前都还会先经过"净身"的阶段，用干净的海水清洗，再用紫外线杀菌灯照，达到标准才出货。过去台湾并没有这道程序，因此无法生食。但现在台湾已有生蚝达成生食标准，"涌升蚝"利用专利净化处理，获 2010 年水产精品奖。

或许你也有疑惑，为什么国外生蚝那么大颗，台湾的就是小小颗？有学术论文中提到，蚵农的获利其实不低，平均获利将近两倍，也就是成本五十万，收成约可近百万元。按理说，应该成为大家竞相

投资的生意，青蚵嫂也可以穿香奈儿，锃蚵仔也可以戴蒂芬妮才对。不过这是指蚵仔都能平安无事好好长大、一个都不能少的情况。

蚵仔有天敌螃蟹、扁虫，它们很容易把蚵仔吃光光，曾经有一年台南养殖的蚵仔就被扁虫吃掉五到八成。另外，蚵仔怕打雷，一打雷，排精、排卵就缩得小小的。也怕台风、地震，以浮筏式蚵棚的形态为例，就有点像把珠帘放入海中，台风引起的乱浪会把蚵架吹乱，蚵壳也会相互碰撞而受到损害。

蚵仔要个头大需要较长的年月，但台湾的蚵仔经不起这些摧折与风险，就算第一年风调雨顺，第二年遇上个大台风就又泡汤，因此台湾的蚵仔都是小个头，见好就收。

吃蚵仔，看天气

说了这么多，到底哪里的蚵仔最优呢？问了一位水产专家，他欲言又止地告诉我，只有最好的时机与最坏的时机。最好的时机是"天气好的时候"，最坏的时机是"连续的雨天"。

请把蚵仔想象成一个滤水器的滤心，据研究指出，一颗拇指大的蚵仔，一天可过滤190升的水。蚵仔是来者不拒的，如果水中有很多有机质，蚵仔身体里就有很多优良的养分，反之亦然。

台湾养殖蚵仔的集散地——西岸工厂林立，这些工厂的废水多排放到河流中，当枯水期时，河流的重金属浓度就会变高。等到连续来了几日大雨，把这些污水排放到沿海，接着又被蚵仔吸收，也

【吃台菜，学俚语】任你妆，也是赤崁糖。

【释义】赤崁糖就是黑糖，不管如何掩饰，也无法改变原貌。

就容易有安全食用的顾虑。其次，雨下到海里也会影响海水表面的浓淡度，间接影响蚵仔的大小。换言之，在台湾夏、秋季台风盛行的时节，垂下式的蚵农就会视天气情况逐步抢收蚵仔。

这又让人纳闷了，西岸既然有污染的疑虑，何不到东岸养呢？其实并非所有海域都可以自由养殖牡蛎，需要政府同意才行，因为搭蚵棚有可能会干扰到航道。再者，从东部直扑而来的台风多，外海地震也多，蚵仔也不容易好好发育。一旦遇上这些台风、地震的，政府还得因自然灾害而补助蚵农。据可靠的说法，真正的原因是，光西部这些天然、人为灾害，政府就已经搞得焦头烂额了，当然不想东部的也来凑一脚！

养殖业者"天和"则选择在澎湖外海养殖鲜蚵，优点是水质清澈透明，但相对的浮游生物相对较少，所以需要较长的时间养殖，一般本岛西岸的鲜蚵养殖大概只要六到十个月，但天和就需要八到十二个月。品质没话说，甚至还有来自澳洲的订单，对台湾的鲜蚵品质是一种肯定，但因为养殖时间长，相对风险也高，价格会贵上一点点。

台湾的本土蚵仔

目前台湾蚵仔以嘉义、云林产量最大，第三才是彰化。

台湾西岸的蚵农很忙，要与自然环境搏斗，还要对抗工业开发的财团。

人说"东港有三宝"，乌鱼子、樱花虾与黑鲔鱼；台南七股也有

三宝：吴郭鱼、虱目鱼与蚵仔。七股人坚守蚵仔似乎成了世代使命，但 1986 年，位于高雄与台南交界的二仁溪遭受污染，使得七股蚵农损失惨重，牡蛎是酸的而且发绿，没人敢吃，酿成了台湾历史上很有名的"绿牡蛎事件"。

才过了七年，烨隆集团与东帝士集团联手提案，在台南七股兴建"滨南工业区"，开发七轻石化炼油厂、大炼钢厂与工业港，但最后在环保人士极力反对下宣告计划终止。直到 2009 年，才在台南安平区成立"台江国家公园"，保护湿地生态，保留这一块净土。

七股蚵农虽然免去一场工业污染浩劫，但困境却尚未终止。八年来，台南沿海潟湖面积缩减超过四成，蚵农的生计受到威胁，也容易发生海水倒灌。虽然政府连年编列预算要拯救沙洲，不过蚵农处境仍然很艰困，这可是我们在大啖蚵仔时所未曾想过的。

让我们再把镜头转到云林台西，台西也是一个盛产牡蛎的地区，名列全台第二，不过台西的蚵仔也过得不顺遂。2001 年台西发生一场大量蚵仔暴毙事件，蚵壳变成红红的，蚵农怀疑是工业区抽沙使得海水变混浊，不过苦无证据，最后不了了之。尔后又有蚵仔含重金属报告出炉，官员虽然在众人面前生吞蚵仔以示安全，却无法降低民众疑虑，使得台西蚵仔乏人问津，青蚵嫂在哭泣。

而彰化是台湾养殖牡蛎最早的起源地，其中最有名的就是芳苑的"王功蚵仔"，已经有数百年历史。早年男人会将采收好的蚵带壳用牛车运送回家，再交由穿雨鞋、戴手套、坐在板凳前的青蚵嫂镊蚵仔，而彰化也是台湾至今仍在用牛车运送蚵仔的唯一地区。

【吃台菜，学俚语】做官若清廉，食饭着搅盐。
【释义】当清官没有油水可捞，吃不了山珍海味，只能拌盐吃饭。

　　彰化的蚵仔因为养殖方式不同，养出来的蚵较浑圆而娇小，被称为"珍珠蚵"。2011年发生了"国光石化"事件，让珍珠蚵差点不保。原本计划在彰化大城设立石化大厂，一方面威胁到当地居民的生活环境，一方面也直接冲击到蚵农生计，因此有许多环保团体、当地居民起而抗议。最后在马英九"世代正义、环保救国"的宣示下，画下休止符。

　　《联合报》曾报道（2011年2月7日），一名清大女学生沈芯菱曾利用寒假到王功进行乡野拍摄，她见到泡在水中拾蚵的阿嬷，阿嬷对她说："今天捡到了红包喔！"没想到她说的是手套之下"见红"，原来是大拇指被锐利蚵壳给割伤了。阿嬷还笑说："流血不痛，代表收成，是老天爷给的红包礼。"

　　珍珠蚵不是珍珠，是蚵农在阳光下的汗水，是青蚵嫂晶莹的眼泪。吃过了法国贝隆生蚝、日本熊本生蚝，但有什么比得过台湾蚵农流血流汗、抗争捍卫土地所换来的蚵仔呢！

瓜仔肉

台湾最重要的腌渍品「瓜仔」

瓜仔肉在现代来看是一道普遍的菜肴，不过里面加入了很台湾味的酱瓜。酱瓜是"酱咸"（酱菜）文化的代表，也是台湾人的饮食记忆，而酱瓜跟猪绞肉做成的料理就叫做"瓜仔肉"，升级版的瓜仔肉就是上面加了咸鸭蛋黄，称为"蛋黄肉"。杯状的瓜仔肉看起来黑黑丑丑的，卖相不佳，加颗咸蛋黄看起来就漂亮许多。

瓜仔肉的风情

瓜仔肉其实就是一种肉饼料理，肉饼应该算是道世界性的菜色，加入了洋葱、红萝卜的汉堡就是一种肉饼料理，只不过用的是牛绞肉。客家人有梅菜肉饼、庵瓜仔蒸肉饼；广东人的肉饼料理最多样化，有咸蛋马蹄蒸肉饼、冬菜蒸肉饼、虾酱莲藕蒸肉饼等。

台湾则是瓜仔肉饼，早年吃得到瓜仔肉就是奢侈，当时别说鸭蛋很珍贵，就连猪肉都不常见到。请客时可能会买猪肉，但不是用卤的，就是白煮蘸蒜蓉酱油吃。而瓜仔肉是把猪肉剁成丁块，对一般家庭而言实在太奢侈，就像是把进口鹅肝打碎，拿来包饺子一样

【吃台菜，学俚语】嫁着刣猪翁，无油煮菜嘛会芳。
【释义】老公是杀猪的，就算炒菜不加油都会有油香。隐喻享近水楼台之便，总有好处可捞之意。

可惜!

　　瓜仔肉是一道在高级台菜餐厅或观光区才吃得到的北部菜，但现在在学校附近的平价自助餐厅餐台上，瓜仔肉出现率竟也高达八成以上。不过店家只会使用一种酱瓜，瓜种不拘，碎瓜与碎肉相拌后，再以模具固定成如豆腐般平面肉块蒸熟，上餐台前分割成小方形，还带点酱汁，方便顾客铲取。到了餐厅内，瓜仔肉就改装到单人小盅里，通常也只使用一种、顶多两种腌瓜，顶端补上颗咸鸭蛋黄。

　　青叶餐厅的瓜仔肉就很讲究了，采用荫越瓜、酱冬瓜、咸大黄瓜三种不同酱瓜，将其融于绞肉内，取荫越瓜的甘、酱冬瓜的软绵与咸大黄瓜的咸。因为腌渍的酱汁有酱油也有荫油，因此同时具备两者特色在内。

　　蒸煮过后不同于一般瓜仔肉呈暗沉酱色，青叶的瓜仔肉是青春洋溢的通体粉红。置于小盆内的瓜仔肉呈塔状，顶端的咸蛋黄对半分切，像是黄昏天上与倒映在湖里的两颗黄澄澄太阳。

　　青叶瓜仔肉是从一开店就有的，不过刚开始用的是半颗蛋黄，现代人讲究健康，才改成一颗蛋黄。食用时以小勺分切挖取拌饭而食，酱瓜存其味却不见其形，肉质香甜富弹性，堪称瓜仔肉中的经典。

　　曾任豪门家厨的名厨雷蒙，有一年的母亲节就做了"红曲瓜仔肉"给母亲吃。他说瓜仔肉是母亲熟悉的菜色，而红曲养生，家邻近宜兰酒厂，因此取得红曲便利。以荫瓜与绞肉相拌，一方面让瓜仔肉看起来卖相更好，一方面也兼具健康概念，更重要的是多了孝心在内。

"瓜"各不同

荫瓜比较特别，它并不是一种瓜名，有个"荫"字，自然与荫油、荫豉脱不了关系。

荫瓜用的可能是越瓜，也可能是冬瓜，青叶餐厅用的荫瓜就是越瓜。越瓜适合加工而不适合直接吃，长得像发福的大黄瓜，去皮对半剖开后要去籽，再以盐渍以利保存。

黑龙酱油最早就是荫瓜起家，日治时代有一家专门从事酱咸生意的日本"三鹰会社"，黑龙就是三鹰的荫瓜代工厂，后来买下经营权并拓展荫油生意。第三代涂靖岳说童年记忆就是帮忙刮除越瓜籽，刮干净经过盐渍才能保存，否则很快就会腐败。

盐渍过的越瓜在做酱瓜前还要先退去盐分，然后以一层越瓜、一层荫豉、一层盐的方式堆叠入缸。做好的荫瓜吃起来肉质软烂、甘甜，可以做成瓜仔肉、瓜仔鸡汤。一般酱油煮汤后会变酸，而瓜仔汤之所以不会，是因为腌瓜仔用的是荫油，荫油只会越煮越甘甜。

客家菜里也有"庵瓜仔蒸肉"，庵瓜就是越瓜，只是这越瓜只用盐渍，没有经过酱渍，但同样也是一种瓜仔肉。

如果喜爱有口感的人，多半会选择脆瓜或菜心这类的酱咸。脆瓜与菜心是用黄豆酱油酱渍，气味比较清爽。之所以不同瓜种要用不同的酱油腌渍，主要是味道不搭，或者说，上一代的人就是这么做，因此传延下来。

【吃台菜，学俚语】仙屎毋食，食乞食屎。
【释义】指人不识抬举，敬酒不吃吃罚酒。

黑龙会挑选云林土库的菜心制作成酱菜心，而这酱菜心的最大客户竟不是台湾人，而是新加坡人。

台湾人早餐吃糜的已经不多，酱咸也就吃得不多，黑龙的酱菜心百分之九十五都外销到东南亚，酱菜心的市占率是东南亚第一，在新加坡甚至出现山寨版的黑龙牌酱菜心，可见多受欢迎。"新加坡虽为先进国家，但华人在传统部分仍然很传统，不只吃酱瓜，甚至把两款不同口味的酱瓜倒扣在盘上，就能当作是一道菜。"

酱咸的回忆

味噌、红糟、豆瓣酱、豆豉、荫瓜、脆瓜、菜心、树子、苦瓜、土豆面筋、荫冬瓜、小鱼花生等，都是台湾常见的酱菜。早年台湾有酱菜车手执摇铃沿途叫卖，家家户户就知道是酱菜车来了。酱菜车里包罗了甜、咸、辣、酸不同的酱菜，最受欢迎的就是豆腐乳、腌姜、面筋与荫瓜了。

除了酱菜车，还有酱菜专卖店。七十二岁的基隆人曹喜美回忆她十岁左右，她曾去过住家附近的"酱菜间"，各式各样的酱菜缸内装有红豆枝、荫瓜、刈菜、豆干卤等。"那时没有塑料袋，只带个盘子去，可任选酱菜摆在盘子内，最后再让老板结账。"

红豆枝就是像一团纠结的红毛线，吃起来甜甜的，是经过色素染色。酱咸多半颜色都暗沉，因此红豆枝、黄萝卜干这类的酱咸掺在其中就很鲜明讨喜，只是，用的是人工色素，偶尔吃吃就好。

后来罐头酱菜问世后，酱菜摊子便逐渐消失，甚至在台湾的饮食习惯改变后，吃糜的人变少，相应连罐头酱菜的销售量也不如以前。不只台湾，日本也是如此，日本渍物全国总销售金额只有十年前的七成，曾经花枝招展的酱咸也要凋零了啊！

台菜中的百年老菜

五柳居

　　台湾百年前的菜色跟现在多少不同，不过五柳居在台湾存在超过百年，在明治四十年（1907年）《台湾日日新报》上的"台湾料理"食谱中，就有介绍过这道料理，可说是一道百年老台菜。

　　五柳居的名称因地而异，有些称"五柳居"、有些称"五柳枝"，只是发音上的不同，不过百年前的台菜菜单上多写作"五柳居"，因此在此就以五柳居称之。

　　事实上，五柳居、糖醋鱼、西湖醋鱼，在口味上均是以糖与醋为重要元素。曾经在蓬莱阁工作过的名厨黄德兴说道，正宗五柳居只清蒸，糖醋鱼则是先炸后蒸。西湖醋鱼与五柳居虽同为清蒸，但在调味上不同，西湖醋鱼用的是镇江醋，台湾五柳居用的则是乌醋（特别是台湾乌醋的老品牌五印醋）。

五柳居的由来

　　五柳居的起源众说纷纭，一说是浙江菜，一说是川菜，还有说是闽菜；我曾在大陆吃过五柳居，却是在山东。如果按照川菜的说法，

【吃台菜，学俚语】有毛食到棕蓑，无毛食到秤锤。
【释义】意指无所不吃，有毛的东西连蓑衣都吃，没毛的东西连秤锤都吃，指人是好吃鬼。

五柳居历史要上推至唐朝，是一道距今一千两百多年的千年古菜了。

杜甫曾为避战乱举家迁往四川，在成都浣花溪畔筑了杜甫草堂，那也是杜甫一生中比较轻松的一段日子，而五柳鱼就是这个时期下的产物。

有一天，杜甫邀了几位诗友来草堂，时值正午，杜甫亲自下厨，朋友们惊呼堂堂大诗人还会做菜，因此特别期待。生活过得清寒的杜甫，其实没什么大菜可招待诗友，便将厨房里现成的葱、姜、泡椒、冬笋切成细条，等鱼蒸熟后再均匀撒于其上，淋上酱汁，撒上香菜。

客人品尝了这道菜后均赞不绝口，大家抢着要为这道好菜命名，逗得杜甫很开心，他自己说话了：“陶渊明是我佩服的先哲，这鱼覆有五种青丝，跟五柳先生之名不谋而合，不如就叫五柳鱼吧！”五柳居也就这样流传下来。

至于典故二，说五柳居是苏东坡所创，又称“东坡鱼”，并有一段苏东坡与佛印和尚两人为了吃五柳居，双方一来一往斗智所产生的趣闻。不过研究苏东坡饮食的中台大学教授陈素贞告诉我，苏东坡与佛印在饮食上最经典的互动是东坡肉，并没有提到“东坡鱼”。而苏东坡爱吃鱼也善于烹调鱼，但目前文献里只有提到煮鱼汤、清蒸鱼，或是把带有水果清香的橘皮（陈皮）放入一同煮鱼，就是没提到五柳居这样糖醋口味的鱼。

杜甫的典故或许较贴切，但事实上泡椒（青辣椒或辣椒）要到了明末才传入中国，唐朝没有这道配料，因此使得这段广为流传的趣闻的真实性令人质疑。姑且不论故事真假，货真价实的是，这道

菜确实在台湾已经有百年历史，而且随着物资的丰裕，五柳居的五样配料选择性越来越大，调料也越来越复杂，甚至有了南北不同的差异。

口味南北大不同

五柳居所使用的鱼种范围非常大，几乎只要体型大一点、上得了台面的都可以。但南北部用的鱼种不同，北部的黄德兴说，台北蓬莱阁是用迦纳鱼；南部的前阿霞饭店主厨吴明洁说，早年福州师傅传下来是用黑鲷鲷（北部人称为"黑鲹"），但现在这种鱼非常贵，一尾四斤就要价1600元，因此就改用皇帝鱼或白鲳替代。另一家位于台南新化的清乐食堂，从开业至今流传下来近七十年，用的则是土魠鱼切块浸泡酱汁再裹粉油炸而成。

甚至还有用虱目鱼做成的五柳居！吴明洁告诉过我一个关于虱目鱼五柳居的故事。第五任台南市长叶廷珪精通美食，很喜欢阿霞饭店的虱目鱼五柳居，一次他就带着美国大使到阿霞饭店去，点了这道"虱目鱼五柳居"。老外不懂吃刺又细又多的虱目鱼，吃得哇哇大叫，这倒好，落得整盘得以让叶廷珪一人独享。又有一次，他请外宾到官邸用餐，又点了自己爱吃的血蛤，血蛤因有如血色般的分泌液而得名，看市长一人吃得整口是血的样子，又再度吓坏了老外。

香港也有五柳居，潮江燕行政主厨袁伟洪说，五柳居是早年酒席里固定会有的一道菜，采用的鱼种为鳕鱼、鲈鱼或草鱼。早期用

【吃台菜，学俚语】人肉咸咸。

【释义】喻人耍赖，抱持着"谅你拿我没辙"的态度。

煎的，但油煎较耗时，在香港寸分寸金的背景下，后来就改用炸的，一只油锅就能一次炸上好几尾。

关于鱼的料理方式也各有不同，如前述黄德兴认为正宗做法是清蒸，但1970年的《台湾菜烹饪精华》里则写明是用油炸："鱼兔炸油也可以，用干煎到熟可以用。"

油炸还有分，像香港做法是蛋加上太白粉变成糊状裹上鱼身；北投蓬莱排骨酥餐厅做法是太白粉与番薯粉按比例混和，因为太白粉可使外皮酥脆且肉片不易断裂，番薯粉则能增加弹性口感。而台南度小月担仔面餐饮总监林祺丰学到的则是纯以蘸太白粉油炸。

之所以会有这么多种变化，一方面是各家各持想法，另一方面，过去分工细，而且厨子们都会留一手，使得菜色的传承也就愈来愈走味，与原来的口味大不同。

配料看热闹

至于五柳居的配料，一般都认为要五样或五样以上，像彩带似地披挂在鱼身上。不过黄德兴认为并不尽然，不一定要五样，只要呈条状即可。他提到蓬莱阁（1920年开业）的做法："洋葱一定要有，其余则是三增肉、赤肉（瘦肉）、红萝卜、青椒。爆香料为青葱、蒜头与辣椒。当时台湾没朝天椒，因此用的是一般不太辣的红辣椒，台菜的味道偏清淡且不重辣。"

【吃台菜．学俚语】垃圾食垃圾大。
【释义】不干不净吃了没病。

《台湾菜烹饪精华》则写道："三增肉四两、笋三两、葱头二两、白菜四两、香菇一钱"，可见配料又有不同。吴明洁的五柳居则是用香菇、红萝卜、肉、笋与洋葱丝，内容上较接近蓬莱阁。

至于清乐食堂的五柳居，用的是黑木耳、白菜、红萝卜，甚至还出现白花椰菜，而且均不切丝，很有自己的风格。香港版的配料也很精彩，充满热带风情，"有马蹄（荸荠）、番茄、洋葱、青椒、葱丝、凤梨、甜姜丝与蕗荞。"袁伟洪说道。

在五柳居的酱料上，同样是用太白粉勾芡，不过口味就各有不同，尤其随着调味料在市场上的推陈出新与普遍化，配方上也产生了变化。黄德兴的"泼糖醋"用的只有高汤、五印醋与二号砂糖。《台湾菜烹饪精华》的酱料开始显得复杂："糖三钱、味全豆油四钱、五印醋三钱、酸醋五分、香油一分、太白粉五钱、酒少许。"蓬莱排骨酥餐厅调味上更新颖，使用了海山酱、白醋、甜辣酱与番茄酱，相互对照之下，便能看出菜色在时代上的变化。

基本上，南部都遵守着"糖"、"醋"二字的原则，因此南部五柳居酱汁多呈现深茶色；北部的五柳居则很多是加入了白醋。

吴明洁认为，五柳居最重要的就是糖与乌醋的比例，酸度太酸抢味，甜度太甜则腻。清乐食堂老板李厚德也是只用糖与乌醋，他认为"白醋只有酸，没有香"。

光从一道五柳居就可以发现，不同的时间与地域，造就了风味各异的料理，南部保留较传统做法，北部则因外在环境变化快速，调料与配料变得更为花俏。

凤梨苦瓜鸡

台湾的土鸡城料理代表

　　许多菜虽说是台菜，原创却非台湾本地，如红蟳米糕就是福州菜，五柳居是川菜，不过凤梨苦瓜鸡就是一道土生土长的台菜。凤梨跟苦瓜在台湾几乎一年四季都吃得到，也只有台湾人才会把这两样食材组合在一起，再加上鸡，就是正宗的土鸡城料理。

　　土鸡城多是当地居民经营，强调食材的原味，因此菜色走简单纯朴路线，不着重花俏或创意。土鸡城里的主菜多跟鸡有关：凤梨苦瓜鸡、菜脯鸡、瓜仔鸡、枸尾鸡、竹笋鸡、豆乳鸡、木瓜鸡、盐焗鸡、姜母鸡、香菇白菜鸡、麻油鸡……搭配清炒槟榔花、山苏、麻油川七等山菜组合。

　　凤梨与苦瓜搭档成料理，到底从何时开始已不可考，但两者也非天外飞来一笔的巧遇，而是冥冥中的注定。那与生俱来的同质性，造就了两者不可分割的命运。

　　苦瓜是苦的，许多人觉得人生已经够苦，就别再吃苦瓜了吧；有人爱吃凤梨，但凤梨吃多了会咬舌，好吃归好吃，怕疼还是别吃了吧。有人讨厌苦瓜，长得疙疙瘩瘩的；有人讨厌凤梨，全身是刺。但两者合而为一后，苦瓜也不苦了，凤梨也不咬舌了，苦瓜与荫凤梨最

【吃台菜，学俚语】食饭扒清气，才袂嫁猫翁。
【释义】饭碗里的饭吃干净，才不会嫁到麻子脸丈夫。劝人要珍惜食物。

后是越煮越甘甜，成了人人爱喝的汤品。早年只有在土鸡城里尝得到，后来大家没时间上郊区，菜于是搬到了平地来，兴起了像"台 G 店"这样的土鸡料理连锁店，不需要招一票人，一个人便能来上一碗过瘾。

荫凤梨的重要性

凤梨苦瓜鸡里的一个重头戏便是"咸王莱仔"（荫凤梨）。早年没有低温设备，为了让凤梨得以长久保存，才衍生出凤梨加工品，也可以如此推论：当产量超过需求时，也就是当凤梨多到人们吃不完时，才会有"咸王莱仔"这样的产物出现。

台湾凤梨真的是多到吃不完。1970 年代，台湾凤梨罐头外销占有率是全世界第一，而早期台湾凤梨产量第一的地方就在高雄大树区。

据台湾作家郑坤五的《鲲岛逸史》记载："大树脚有山一座，遍生王莱。"意指清代就有大批移民在此地开垦种植凤梨，日本人来到此地后，为它独特的气味所着迷，并把它制成罐头销到日本去，凤梨也因此成为 1910-1920 年代最受瞩目的经济作物。

不过一开始的原始版土凤梨并不讨喜，虽然气味浓郁，却目深，纤维粗。目深就要削掉不少果肉，纤维粗更不适合啃咬，因此制成罐头就成了较容易食用与运送的做法。除了外销之外，当地人还发明了"咸王莱仔"，吃了舌头也不疼了。

开英种和咸王菜仔

后来由日本人与大树当地人引进新品种"开英种"后，原本的土凤梨就逐渐被淘汰，现在制作凤梨酥馅料所用的土凤梨、或者一般人口中所说的土凤梨，指的就是后来的开英种。大树文史协会前理事长罗景川十年前在屏东山上看到原始的土凤梨品种，询问之后才知道是早年原住民所栽种，虽然后来弃耕，却自行繁衍，使得原生种还得以存在。现在大树产量最大的是金钻凤梨，此外还有甘蔗凤梨、苹果凤梨、香水凤梨等新品种。

制作咸王菜仔所用的凤梨，传统上还是爱用开英种凤梨，新品种一味追求甜度与香气，反而使原本迷人的酸味不见了。开英种土凤梨的酸度足，比较有古早味。不过既然大树现在是以金钻为大宗，也有很多人改用金钻凤梨来做咸王菜仔。

在大树，几乎家家户户都会做咸王菜仔，当地人说，制作成咸王菜仔的时节是四到六月凤梨盛产时，凤梨如果有三斤重，去掉皮和心，就只剩一斤半，因此得是量足才会做成咸王菜仔。削去的皮可以当土肥，凤梨心纤维粗，早年物资缺乏时，是小孩的零嘴，还可以用来与滚水熬成凤梨茶喝，带有淡淡凤梨香，总之全都不浪费。

咸王菜仔是用盐、糖、曲豆与凤梨肉所腌渍而成，有的人还会加入破布子，看起来元素很简单，却家家都有家传比例，盐量不足

【吃台菜，学俚语】食果子拜树头。
【释义】比喻人要懂得饮水思源。

就无法出汁（咸王莱仔最重要的是汤汁而非果肉），糖量不足又容易长出一层白霉。

而最重要的就是长出曲菌的黄豆，此乃甘甜风味的来源，在大树的柑仔店有贩售一包一包的曲豆，就是让人买回家做咸王莱仔用的。由于发酵的时间与状态皆不同，因此每家的咸王莱仔风味也就各异其趣。

咸王莱仔通常腌渍半年左右就可以开封，一年左右的更甘甜，凤梨果肉近浅褐色而非黄白色为佳，汤汁多一些的适合当汤底，果肉则可佐餐。一点嫩姜丝加上一块咸王莱仔，就能当作配粥的早点；果肉还可用来做成荫凤梨虱目鱼，压除鱼腥味。

大树区文史协会总干事林世明提到，在大树还有一个特别吃法：当地唯一的一家粿仔工厂因为产量有限，做好的粿仔只够大树乡当地店家与居民食用，早年当地人会盛一碟咸王莱仔，用煮好的粿仔来蘸这咸王莱仔吃，滋味独特。

凤梨苦瓜鸡既是土鸡城的特色料理，当然要有土鸡。土鸡肉口感紧实，很多人偏爱这样的口感。早年农家都会养土鸡，不过随着规模变大，鸡不全是从小养起，以阉鸡来说，养到十个月大，肉质最丰美，因此店家会先向养鸡场购入半大不小的鸡，到了土鸡城再养上半年。

锦龙与孟鸿都是新店山区的知名土鸡城，前者有老牌导演蔡扬名肯定，后者有王品董事长戴胜益加持，两家店还是翁婿关系。锦龙土鸡城规模不小，鸡场里随时有近千只鸡待命。

　　凤梨苦瓜鸡佐料中不仅要放咸王莱仔，也要放新鲜的凤梨，利用凤梨的酵素来软化鸡肉。苦瓜退火，凤梨甘甜，成就了一道迷人的汤品。

【吃台菜，学俚语】甘蔗粕，哺无汁。
【释义】暗讽人没有才学，像已经干了的甘蔗渣，再咬也没有汁液。

客家小炒 台湾独有的客家菜

客家小炒原叫做"炒肉"（客家发音有点像"丑纽"），会被称为"客家小炒"，原是客家族群以外的闽南或其他族群对它的称呼。通常会以族群名称作为区隔，是在有人我之分的情况下才会产生，就像"台湾料理"一词始见自于《台湾日日新报》，用来有别于"日本料理"。后来被称为"台湾菜"，也是为了与江浙菜、湖南菜、贵州菜等区隔而称之。

马来西亚美食专栏作家林金城本身也是客家人，他就提到有次在课堂上询问学生："可不可以说几道你们所知道的客家菜？"其中有位学生举手回答："客家小炒！"林金城早期曾留学台湾，他马上问这位学生："你是台湾人吧？"学生惊讶他怎么知道，林金城于是回答："因为其他地方并没有这道客家菜，这是台湾客家人所独有的。"果真如此吗？我向客委会求证，他们热心地通过多种渠道代我协助查询，证明"客家小炒"确实源自台湾。

看到这里，许多人，甚至客家人，或许会不客气地问："客家小炒"是客家菜，怎会归类于台菜？有三个理由：第一，台湾能有今天，少不了客家人的努力，或者应该说这片土地上，少了任何一个

【吃台菜，学俚语】食饭配话。
【释义】告诫人吃饭要专心吃，不要边吃边讲话。

族群都不行。如果多数人普遍认同有外省色彩的"牛肉面"是台湾的代表，那么客家菜自然不能缺席。

再者，基于经济或战乱因素，客家族群经过长时间辗转迁徙，如今在香港、新马、台湾各地都有其踪迹。随着落脚地点不同，客家族群除了保留原有特质外，也与当地文化交融，产生新的火花。说到新加坡料理，许多人都会联想到娘惹菜，如果由当地生活文化所衍生出的独特菜色能代表当地，那么客家小炒当然也毋庸置疑是台湾菜。

第三，客家小炒这道料理已遍及全台，无论是快炒店、小馆子，甚至饭店里也吃得到。吃到这道菜时，正是让外人了解台湾族群多元性的好机会。

三大美味元素

正宗版客家小炒就是葱、咸猪肉跟鱿鱼三元素切丝，加入酱汁拌炒，不加辣也不加甜。如果有三大元素以外的食材，都算是二代版。

我们到快炒店或小食店吃到的客家小炒有时会加入豆干，原因是猪肉的价钱比豆干贵，原本一份猪肉的量若是混入豆干，就可以炒成两盘，也就能节省成本。还有店家会加入豆瓣酱、甜辣酱、豆豉、虾米，甚至加入猪皮一起炒，这都是迎合市场口味所产生出来的愈来愈多的变化。

怎么样才称得上是好的客家小炒呢？行政院客委会曾举办过一

【吃台菜．学俚语】食翁的坐咧食，食囝的跪咧食。
【释义】依赖丈夫生活是应当理得，但别想指望靠后生晚辈，不肖晚辈很多，千万别打如意算盘。

场全国性的"客家小炒美食竞赛"，当时评审之一的宴会主厨邱宝郎便开宗明义地说，客家小炒的三大主角——咸猪肉、豆干、鱿鱼，都要能恰得其分，"豆干要爆得够干，鱿鱼要炒得够香，咸猪肉的油量要控制好，油香也要能充分呈现，甚至切丝的长短、粗细都是关键，这才能算得上是好的客家小炒。"

这道菜虽只有三样食材，却能表现出客家人珍惜物资、食材再利用的精神。以五花肉来说，得分别片成肥、瘦肉，肥肉先用来爆猪油，猪油就能用来爆炒鱿鱼，而逼出油了的肥猪肉，又可以当作炒料。这样一盘炒肉里，就有葱白、葱青、肥肉、瘦肉、鱿鱼五样食材，每一种各有滋味，葱白甜，葱青香，肥肉油，瘦肉咸，鱿鱼干，变化就很多了。

而干鱿鱼则一定要稍微干硬，才能嚼很久，愈嚼愈香、愈甜。曾在报上看到一篇文章，说一对情侣谈恋爱时上馆子去吃客家小炒，结果男生吃到这干鱿鱼时，不小心咬断了门牙，后来婚后一遇到意见不和吵架时，太太就会炒这道菜，两人一边吃一边回想起当年吃客家小炒的恩爱时光，就会渐渐心平气和下来了。从这个故事就大致可以了解鱿鱼的硬度了吧，虽不到极硬的状态，但至少不是用碱水发泡的那种"鲜鱿"。

不仅如此，客家小炒还是一道"吃不完的菜"。"盘子里的葱吃完了，还剩猪肉与鱿鱼，便放在碗橱内保存，隔天再加葱或到菜园里找个芹菜重新炒一炒，又是一盘新的客家小炒，就这样不断回锅，次数越多越香。"苗栗县公馆的鹤山饭馆老板娘刘瑞霞这么说道。她

从小就跟着奶奶一起生活，"早年因为没有冰箱，气温高，时间长，豆制品便容易酸败。在我阿嬷那个年代，大家舍不得浪费，是不会把豆干加进去坏事的，也不允许我们把豆干加进去炒"。

但她也说："客家小炒原本就没有强制规定，现代人不想吃太多肉，加点豆干、芹菜，也不失为一个方式，只是工序要很扎实。"工序错了，炒出来的客家小炒就不会好吃，该有的味道没有出来，该入味的没入味，就可惜了这道菜。

客家小炒的由来

一般说法，客家小炒的起源与客家人祭祀有关。五花肉、干鱿鱼、鸡这三样食材一向是客家人祭祀时的三大牲品，难得宰杀鸡、猪，绝不能浪费。先以白水煮肉，熬成大锅油汤，再配上笋干入汤，不但可以吸附汤里的油脂，还可以除去笋的酸涩味。白水煮熟的鸡或猪肉，可做成白斩鸡，猪肉再加酱油焖煮就成了爌肉；爌肉的汤汁又可以拿来焖冬瓜、高丽菜或萝卜等蔬菜，也就是封菜类。"其中的猪肉与干鱿鱼就是客家小炒的元素。"高雄六堆六十七岁客家人钟招松说。

刘瑞霞讲的不太一样："早年若是邻居家办喜事，左邻右舍便会全家出动帮忙，宴客桌数不够，先生就带桌子与四个板凳去凑数，太太则带着菜刀帮忙打理做菜。到现场后，众人一起协力杀猪，分切处理烹调，其中也会做客家小炒这道菜。

【吃台菜，学俚语】食人够够。
【释义】狠占人家便宜而不留一点余地。

"等到喜宴结束，会有一些尚未烹煮的猪肉，主人会将这些猪肉分送给鼎力相助的邻居们。隔天，再到住家园子里摘采芹菜、葱，就能做出一道客家小炒。"

客家人的饮食智慧

从客家小炒这道菜的元素，就能看出许多客家人的生活习性。首先是咸猪肉，六福客栈金凤厅主厨谢君艺的祖母是客家人，他回忆童年生活提到："早期农家都会养一两头猪，猪养大了就自家食用或卖到市场上，但即使是卖掉，也会留一点自己吃。为了保存猪肉，往往会使用大量的盐腌渍，如果盐用量不够多，肉还会长出白白的虫，但并不会因为这样就丢弃整块肉，祖母会把虫拨掉，肉切片后爆香来吃。除了用盐腌之外，还会定期抹上酒，让风味更加倍。"

客家人还会编织称之为"气死猫"的竹篮，把肉等食物放在里面，加上封盖，悬挂在大厅的大梁上，可防止猫鼠等动物的扑食。"大厅往往挂上五六个竹篮，厨房较狭小低矮，也挂了两三个竹篮，后来我个子大了，头经常会撞到这些竹篮。"谢君艺说。

之所以称为"气死猫"，是因为猫身手矫捷，嗅得到食物的气味，却够不到、吃不到，只能气得牙痒痒。这是早期没有冰箱时代的食物保存方法，也是先人与自然共处的智慧结晶。

其次是干鱿鱼。所谓"逢山必有客"，客家人多居住于桃园、新竹、苗栗的台地或丘陵，南部则在屏东、高雄六堆等地。台湾虽然

四面环海，但客家人的饮食里却少有海鲜，最普遍的就是干鱿鱼。年节一到，客家人便会下山到市镇办年货，干鱿鱼是容易保存的昂贵干货之一，如果到平地或沿海市场买一般鲜鱼回家拜拜，路途遥远，回到家后鱼恐怕就腥臭了，勤俭的客家人可不乐见。而可长久保存、携带轻便的干鱿鱼既贵气又美味，就成了人气商品。

葱则是客家人菜园子里常见栽种的蔬菜，其他还有芹菜、韭菜、白萝卜等。

至于把客家小炒切成条状也有原因。"由于物资的贫乏，单吃猪肉与鱿鱼太奢侈，珍贵的东西当然要切条而食，这样才能分很多次慢慢吃，就像现在我们会将龙虾做成龙虾沙拉来吃、象拔蚌会切片来涮一样。"钟招松说。

谈到味道，"肥、咸、香"是客家菜的传统特色，客家小炒同样具备这样的特色。这是因为客家人开荒垦地需要很多体力，够咸才下饭，油脂够才足以抗饿，香则能增加食欲。不过现代人却喜欢吃得清淡，这使得客家菜较不受市场青睐，但对客家人来说，肥、咸、香三大元素不是原罪，"我爷爷每天都要吃封肉，喝高粱，一样活了九十九岁。"刘瑞霞说。

【吃台菜，学俚语】做猪食潘，做妈摇孙。
【释义】当猪就好好吃馊水，当祖母的就好好照顾孙子。喻做人要安分守己，做好分内的事。

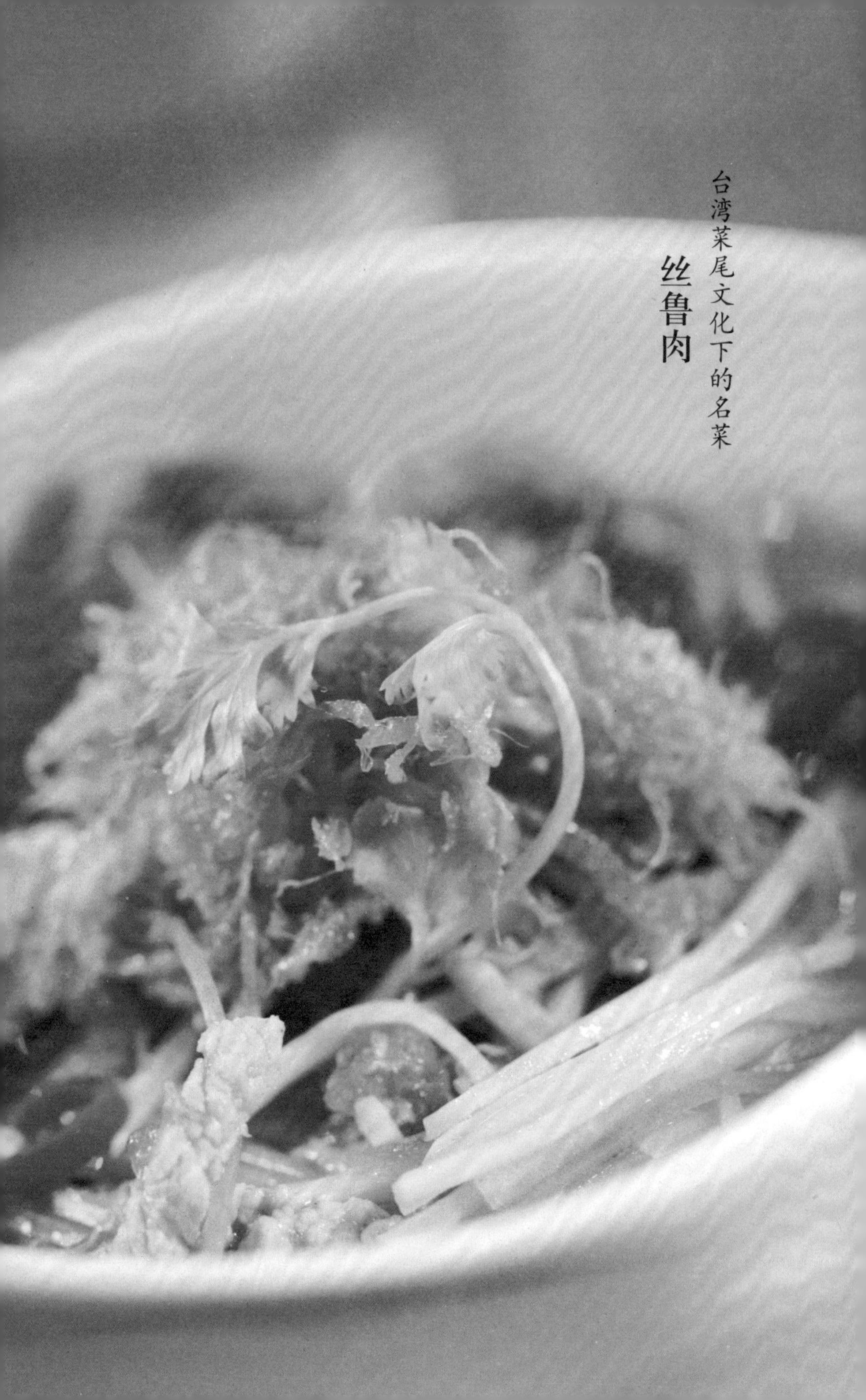

丝鲁肉

台湾菜尾文化下的名菜

　　丝鲁肉是一道台湾俗称的菜尾料理，也是一道宜兰名菜。很多人称丝鲁肉为"西鲁肉"，不过宜兰渡小月名厨陈兆麟说正确应该是丝鲁肉，因为材料里的瘦肉、香菇、红萝卜与辣椒都是丝状的。

加了蛋酥的什锦羹

　　俗话说"竹风兰雨"，新竹风强，宜兰冬天受东北季风影响、细雨绵绵，夏天又豪雨不断，平均一年里有二百二十天都在下雨。羹汤料理应该是跟天冷食物保温有关，羹汤能让汤有更好的保温效果，在厨师术语里称为"泼鲁"，也就是勾芡之意。

　　说穿了，丝鲁肉就是一道什锦羹，什锦羹听起来是一道再普通不过的料理，没有特殊限制或成规，甚至连酸辣汤都能算得上阳春版的什锦羹。不过丝鲁肉有一个别道料理所没有的重要特色，就是蛋酥。

　　蛋酥就是把蛋液通过筛子流至热油锅里，利用手不断抖动的技巧，让蛋液像雨滴般落入油锅，一经油炸而成如珍珠般大小的

【吃台菜，学俚语】桌顶食饭，桌脚讲话。
【释义】指饭桌上接受招待，但下了桌却说人家闲话，有忘恩负义之意。

颗粒。吃起来香酥浓香，和蛋花一点都不同，蛋花像是汤里的真丝绸，蛋酥则像汤里的假肉臊。简而言之，泡到羹汤里就是多了油香与层次感。

陈兆麟说："很多店家做的蛋酥用的是鸡蛋，不过真正的蛋酥用的是鸭蛋，宜兰养殖鸭的历史悠久，连蛋糕都是鸭蛋做的，只有鸭蛋才有足够的蛋香。"

除了蛋酥，羹汤也是丝鲁肉的重点，在宜兰听过一个关于"羹汤"的故事：有位父亲外出工作的回程途中，途经一家肉羹店，为了让孩子们也能吃到好吃的肉羹，父亲决定打包回家。不过早年并没有塑料袋，他只好先跑去五金行买锅子和草绳。

经过一番折腾才打了一锅热腾腾的肉羹，盖上锅盖，用草绳顺着两侧提把扎紧，再捆到脚踏车后座。不过乡下小路颠簸，村子之间的距离又长，等到家时，肉羹洒了只剩半锅，父亲的裤子却湿了一大半。这个故事中父亲对子女的情感，如同羹汤一般的浓稠。

日治时代，宜兰太平山一带发现有大量桧木，日本人始开发此地，后来此地更名为"太平山林场"。这里的桧木产量相当高，最高纪录曾超越阿里山。山边住了将近三千名工人及其眷属，荣景空前，俨然是一座山城，每天总有林工上山干活。这些工人上工前多半会在这里吃碗肉羹再上山，于是，宜兰罗东的"林场肉羹"就因位于太平山林木储存场的对面而得名，也见证了时代的变迁。

宜兰不只有林场肉羹，还有北门蒜味肉羹、罗东肉羹番、八宝冬粉肉羹汤等，随处可见肉羹摊子。宜兰人早餐吃的就是羹汤或羹

面，足见当地人与羹汤的关系有多密切。

至于配料上，因为丝鲁肉是一道菜尾料理，因此配料很具有随机性，没有特别限制。

罗东瑞祥渡小月除了一般配料外，冬天还会加白菜、夏季会加笋丝一起煮。此外，宜兰龙园会馆主厨黄俊渊说，如果想再研究丝鲁肉的出身，可以观察肉丝。溪南配料里的猪肉丝会先以太白粉或与番薯粉混和裹粉油炸，溪北多是汆烫或拌炒，做法上以溪南较为正统。

宜兰饮食的特殊性

宜兰很难归属于台湾的东部或北部，早年陆路有雪山山脉三面阻隔，把兰阳平原像个C字似的包围起来，唯一剩下的缺口没有山却是海，而且是波涛汹涌的海，一望无际的太平洋。在这样封闭的特殊地理环境下，也使宜兰建立起独树一格的方言、饮食与性格。

举例来说，宜兰人称"冰"叫"霜仔"，烹饪名师、同时也是宜兰人的雷蒙第一次到台北，因为天热口渴而向朋友说他想吃"霜仔"，结果朋友把他带到五金行去，以为他要吃锥子。此外，宜兰还有台湾其他地方所没有的台菜，像丝鲁肉、糕渣、卜肉、肝花等。

宜兰就像一个小台湾，台湾以浊水溪为界分南北，宜兰就以兰阳溪为界，分为溪南与溪北。就如同日本的关东和关西，或台湾的南部和北部，宜兰也有溪北、溪南情结。溪北开发最早，1796年漳

【吃台菜，学俚语】脚骨长有食福。
【释义】用来揶揄刚好赶上吃大餐的来客，意思说对方很有口福。

州人吴沙开始进入兰阳平原，直到 1874 年才逐渐拓展到溪南，两地相差了七十八年。

在料理上，溪南走纯朴的本土路线，重视老菜传承；溪北则是都市化、现代化开发，强调新菜创意。

以兰阳溪为分界，宜兰的溪南与溪北羹汤特色也不尽相同。以汤头来说，当地偏重以猪大骨熬汤底，口味偏甜。北部羹汤则除了猪骨汤外，多半还会加扁鱼、柴鱼片一起熬，这是许多外地人领教过就印象深刻的。另有一说溪北的肉羹还加蒜味，溪南则不加。

无论溪南或溪北，一群人里头如果有宜兰人，他们必会以抢答姿态表示自己是宜兰人，有时还会明确到宜兰礁溪人或宜兰罗东人。据统计，宜兰人的"居民光荣感"高居全台第一名。而宜兰人这样好面子的性格，竟也与丝鲁肉的由来有关。

有一说"丝鲁肉"是一道流水席里充场面的料理，流水席是一种在自家门前或路旁露天摆桌宴客、客人随到随吃、吃够就走的传统宴客方式，而宜兰的流水席阵仗又比其他地区更加激烈与狂热。

宜兰的流水席流的是"人"不是菜，人潮要如行云流水一直来去才代表有面子。说到宜兰人，真是有够拼！要拼阵头、拼南北管、拼声势，连流水席都要拼人气。对此，宜兰人的回答总是："对，爱拼才会赢！"

日治时代中期到光复前后，宜兰就开始了办桌的风气，农历正月十三与六月二十四日是关圣帝君（关公）生辰与飞升日为庙会的日子，家家户户就忙办桌，即使再穷也要典当棉被、自行车甚至标

会，只为筹钱采买食材。

宜兰县礁溪前乡长林政盛回忆，眼看就要大拜拜，但家里的猪只尚小未能宰杀，只好到猪肉摊向贩子赊账，先跟他"调肉应急"，等到家里的猪长大了再"以肉还肉"给老板。宜兰当地耆老回忆，一年拼完了这两场大拜拜，过年就要"眼屎泗潲垂"了，打肿脸充胖子的结果，就是要缩衣节食度日。

除了拼阵仗，还要拼人气、拼菜色，如果邻居开三桌，自家绝不能只有两桌，还会出现路边"拉客"的场景，原本是别家的客人，但只要跟自家有一点点熟（不熟也没关系），就会派小孩子前往拦截把人招来。吃过一摊接着一摊，客人没吃上两三摊是难以脱身的。宜兰人的热情程度达到了"一人也开桌"的境界，就算只有一人，但主人为了留客，会马上招徕家中的大小成员充当临时食客，只为了陪这位客人吃饭，人数一凑齐就出菜了。

当然，说到菜色也是不能输的，这时家里的小朋友就成了"超级小间谍"，矫捷穿梭在摊子中打探别家菜色如何，再回来秉告父母。如果菜色寒酸，在亲朋好友面前丢了颜面可是会被街坊邻居笑上一整年，因此无论如何都要撑住场面。

吃饱了还不算，主人还要奉上"等路"，也就是伴手礼，因为客人往往从别村远行而来，回程路途遥远，万一路上肚子饿可就失礼。这可不是打包菜尾，而是专程备妥，早期是半只鸡或鸭，晚期则改为养生奶、蛋糕、麻糬等点心。

当菜色尽出，冰箱里可能也空空如也，只剩一些不成气候的食

【吃台菜，学俚语】在生一粒土豆，较赢死了拜一粒大猪头。
【释义】让父母在世时吃一粒花生米，也胜过过世后拜个大猪头。劝人行孝要即时。

材。但宜兰人绝不轻言放弃，还是要拼的时候，就会把大白菜、肉丝、红萝卜丝、香菇丝等煮成大杂烩算成一道菜。不过这怎么看都有点怪怪的，担心被看穿是残羹剩料，于是加入炸好的蛋酥，营造好像丰盛到溢出来般的错觉。

　　关于丝鲁肉的由来还有一说，宜兰对外交通不便，食材得来不易，加上过去没有冰箱保存食物，因此多靠油炸来延长食物的寿命。而丝鲁肉就是把办桌吃剩的菜尾，再加上蛋酥装饰而成的一道菜。宜兰冬山八十四岁的庄吴阿绒说："以前很穷困，常会拿菜尾来吃，不过光吃菜尾也很单调，便会加点卤白菜。但还是觉得不足，想添点肉香却没钱买肉，于是就把鸭蛋用来爆香增添香味，一方面也可让身体增加油脂吸收。"

当菜尾成了桌上佳肴

　　不管丝鲁肉真正的由来是什么，似乎都脱离不了"菜尾"的元素。菜尾原本是把吃剩的菜肴重新融合煮成一锅汤品，是台湾人珍惜食物的一种态度与表现。菜尾本身也有让人无法抗拒的魅力，通过小火缓慢地熬煮，不断地、细细地彼此滋养，展现一种驳杂的融合，却又是一种难以取代的精华，因此才这么迷人的吧。

　　早年物资贫乏，即使是菜尾也不舍得浪费，统统装进肚子里。记得小时候曾经参加过一场喜宴，让我印象深刻。新郎在开席前不等宾客开口，趁空当就发送塑料袋给亲友，还被长辈们称赞"很懂

事"。后来经济环境改善了，很多大饭店开始禁止客人打包剩菜回家，一开始很多人不理解，认为饭店不通情理，但站在饭店的立场上，担心菜色发生变质，产生食用安全上的问题，菜尾文化因而才逐渐消失。

不过菜尾实在太迷人，吃不到剩菜，用现成的菜来做总可以吧！陆续在台北、台中等地，都有店家特别推出"菜尾"料理，约莫十年前，台中有家叫"飨宴"的餐厅就这么做。"早期宴请客人少不了猪肚汤、爌肉、人参炖鸡等等，这些剩菜混在一起，才炖出了菜尾的不凡风味，根据这些线索，经过多次试验，终于选定了四十多种食材混煮出了杂烩汤，成了美味的菜尾佳肴。"

不只如此，菜尾料理在宜兰还发展出了"丝鲁肉"，在小琉球也有一道名菜"菜尾"。百海餐厅主厨李育宪说，在1940—1960年间，在办桌上出菜到最后阶段，厨师会把桌上剩菜统整，混上一些新鲜蔬菜，煮出经典的"菜尾"打包成伴手礼，让主人送给前来道贺的亲友。不过随着经济条件逐渐改善，"菜尾"在小琉球也变成一道专做料理，女方送喜饼，男方则以封肉、米粉与菜尾，当作赠给亲友的谢礼。

很多台湾人都有相同的经验，父母亲去喝喜酒，小孩虽然在家写功课，心里却期待着他们带菜尾回来，看当天带回的料好不好，就能判断当天的喜酒等级。一边回锅熬着、煮着香气喷发整室，一边听长辈们聊喜宴上的趣事与八卦。与其说台湾人爱吃菜尾或丝鲁肉，不如说是怀念那个艰困时代里有滋有味的一切。

【吃台菜，学俚语】食肉滑溜溜，讨钱面忧忧。
【释义】比喻吃大鱼大肉时很开心，等被追债时才知道痛苦。

辑二

台菜的历史

台菜演进年代表

1895 日治时代始

1898 "台湾料理"一词首见于《台湾日日新报》

1915 第一代酒家兴起

· 东荟芳开业

1921 · 江山楼开业

1927 · 蓬莱阁开业

1930 · 黑美人开业

1940 · 阿霞饭店开业

1945 日治时代结束

· 台中新天地开业

1946 美观园开业

1949 两百万中国大陆军民来台

眷村菜诞生

台湾牛肉面诞生

1953	盐税增长 450%
1954	北投公娼合法化
1958	·华西街台南担仔面开业
1960	第二代酒家、舞厅兴起
1962	·台南阿美饭店开业
1964	·台中白雪舞厅开业
	·青叶餐厅开业
1965	·梅子餐厅开业
1969	北投酒家全盛时期
1973	第一次能源危机
1974	·鸡家庄开业
1976	蒋经国宣布取消盐税
1977	·欣叶餐厅开业
1980	土鸡城、酒店兴起
	·兄弟饭店兰花台菜餐厅开业
	·庆泰饭店金满台菜餐厅开业

1981　　·来来香格里拉饭店福园台菜餐厅开业

1982　　猪肝价格暴跌

1985　　·台北福华饭店欢乐宫台菜馆（后更名为"蓬莱村"）

1987　　·甲天下开业

1989　　股市万点

1990　　复兴南路清粥小菜街崛起

　　　　股市暴跌至6300点

　　　　·希尔顿饭店明皇餐厅自湘菜改为台菜餐厅

1993　　·台北晶华酒店闽江春台菜餐厅开业

　　　　·台中长荣桂冠酒店台菜餐厅开业

1995　　土鸡城没落

　　　　·高雄汉来饭店福园台菜餐厅开业

1996　　·食养山房开业

2000　　台湾小吃跃上"总统"就职晚宴

2006　　大陆开放来台观光

2010　　·顶鲜101台菜海鲜餐厅开业

台菜中的酒家菜

"台湾料理"四字最早文献中首见于 1898 年《台湾日日新报》中，当时普遍被认为是一种比较高档、出自专业手艺的菜肴，并且得通过外食才能品尝得到。在日治时代有很多"料理屋"与"饮食店"，前者知名的有东荟芳、江山楼、蓬莱阁、春风得意楼、醉仙楼等，都属于当时的高级餐厅，而这些餐厅原本多自称为"支那料理"，最后才陆续统称为"台湾料理"。

商务功能强的"料理屋"

日治初期，最负盛名的是位于台北大稻埕的东荟芳，它与艋舺的平乐游齐名，直到 1921 年江山楼开幕，又比前两者更为豪华且盛大，盖过前两者的风头。江山楼同时可容纳八百人，成为当时有钱人最具指标性的交际应酬场所。1923 年 4 月 16 日，日本皇太子裕仁代替父亲大正天皇来台巡视，其中一场御宴便是由江山楼与东荟芳合办，可见其当时的厨艺等级之高。

1927 年正式开幕的"蓬莱阁"虽然也很受欢迎，但一直有复杂的股东问题，到了 1936 年，数度易主后又重新开幕，但股东问题仍未解决，后期落入大稻埕茶业大亨陈天来之手，后传其四子陈清汾。陈清汾是知名画家，但花钱无度，"洋烟在过去是昂贵的舶来品，他却每支烟只抽一口就丢掉。"黄德兴说当年曾到他家外烩，见识到陈清汾奢华的一面，最后他将蓬莱阁转手卖出，改建为一家综合医院，现址为台北市南京西路上的"宾王饭店"。

在"料理屋"里，除了享受美食外，还有艺旦作伴陪酒。以蓬莱阁来说，当时艺旦就有两百位，属于驻店型；而江山楼除了包厢、厨房外，还有洗澡房、理发室、包厢等。台湾早年没有冷气，风尘仆仆来到此地的人，可以先洗澡，理个发，好整以暇地用餐。

料理屋的菜色中有一道"八块鸡"，也是现在常见的一道菜，这菜在店内的作用是让艺旦以手慢慢撕成一片片喂客食用，不过艺旦与客人的亲密举止也就仅止于此。艺旦平时空班时间最常做的便是吊嗓子，是名副其实的卖艺不卖身，若被发现有赌博或私下接客的行为，可是要被开除的。

另外还有"饮食店"，店家规模、菜色、消费都较料理屋次之，但同样也有女性陪酒。无论是料理屋还是饮食店，一般人私下多称之为"酒"家，直到国民政府时期，才要求在广告或文宣上要注明为"公共食堂"。为了与后来一般人所认知的酒家菜有所区隔，有人于是称当时的酒家菜为"食堂菜"，但这样的用法并没有持续多久，

主要是这些酒家也因为战争陆续结束营业。

第一代酒家菜：料理登峰造极时期

东荟芳、江山楼可谓第一代酒家菜的滥觞，当时提供的酒家菜多中式料理，而且以闽菜或福州菜为主，福州虽然也是福建（闽）的一部分，不过两者还是有所差异。

福州菜偏酸、甜，是闽菜的主流，擅长用糟、虾油调味；闽菜则包括了福州菜、闽西菜、泉州菜、厦门菜、漳州菜等，还会加入沙茶、芥末等调味。如新中华与凤林酒家是属于福州菜系，蓬莱阁、江山楼与上林花是属于闽菜系，福州菜酒家在数量上只有闽菜酒家的十分之一。

以蓬莱阁来说，光厨房人数就近五十人，负责闽菜有二十人、粤菜八至九人、川菜六人，另有备料、厨务人员共十二人，"各自分工细而相互不干预，因而菜系纯正"。

例如，一般人会认为烤乳猪是粤菜的名菜，不过当时台式做法却更细致，做成了"乳猪三吃"。这乳猪皮要不能有"膨疤"（起泡），如有起泡就要赶紧用针刺破。首先将乳猪完整烤过后，先祭出最精华的肚腩部位，食其香嫩肉汁；二吃则是取猪皮蘸甜面酱、葱段夹荷叶饼，食其油甜酥脆；三吃将猪头、尾剁块与剔下身体余肉，下葱姜蒜一同炒过，食其咬感味浓。台式烤乳猪在台湾已经较难吃到，不过在菲律宾、新加坡人等福建人较多的地方，还有类似做法。

黄德兴补充，当时汤底分为三种：第一等汤用的是蛇肉、牛肉、鸡肉与火腿，各自蒸熟后，再将这些汤汁合为一锅汤底，配上处理过的燕窝、白木耳或竹笙，做成燕窝汤、竹笙汤或白木耳汤。以前的竹笙与白木耳来自中国大陆，野生采集十分珍贵。这熬汤底用的材料也不浪费，蛇肉可做成三蛇羹，三蛇羹是取雨伞节、眼镜蛇、龟壳花三种毒蛇，撕成细丝熬煮而成。至于牛肉就能做成红烧牛腩、清蒸牛腩，鸡肉可以做成鸡丝鱼翅等等。

第二等汤的汤底，用的是老母鸡、蟳脚、枸杞、牛腩、猪脚、鱼翅头、火腿为主，其中鸡、猪脚、蒜头与葱都要先油炸过，将香气逼出来再与鱼翅一起炖煮，把味道经过时间慢慢煨进鱼翅里，喝的是鱼翅汤，这两项都是属于宴客菜。

第三等汤才是现在常见的大骨汤，多用在喜宴宴席上，需要一次大量用汤的场合。

"至于现在的餐厅，连三等汤嘛无，多用的是味精。"现在许多店家都标榜用的是大骨熬汤，并引以为傲，没想到只是过去的三等汤罢了。

总之，这时期的食材高档而做工繁复，光从厨务人员有十二人、甚至超过一个菜系所需人数便可知道，备料功夫做得十分扎实，这也是料理品质得以稳定的重要关键。

酒家菜怎么吃?

当时吃酒家菜，上菜后不先急着吃，主人要先举杯向客人敬酒，客人跟着喝酒，喝了酒后再由主人挟菜劝客，客人这时才得以开动挟菜用餐，每桌还有辣椒与酱油共四碟，可自行增减调味用。

宴席菜的总数都以十道、十二道、十四道偶数计，当用餐到一半时，也就是十二道中的第六道时，称之为"半宴"。这时会端上甜汤，主人得把客人的汤匙一一取回，放到热水里洗净后再放回原处，然后同样等主人劝菜后再享用甜汤。

喝完甜汤，要到宴席旁的小桌休息，这时，抽鸦片的抽鸦片，抽烟的抽烟，主人还会吩咐佣人用脸盆端来热水，洗好毛巾分送给客人。客人擦洗完脸手之后，才再度回到餐桌上，继续下半场的宴席。同样的，再重复开席时的礼仪——主人劝酒、挟菜劝用，直到再次上甜点或甜汤，宴席才算结束，这时佣人会递上热毛巾，再次擦净手脸后至小桌旁稍作休息，之后才能告退辞行。如果有艺旦陪宴，在开席或半席时都要演唱。

第二代酒家菜：料理原创性高时期

1960 年代，酒家又再度蓬勃发展，仍沿大稻埕一带而立，除了创立于 1930 年的黑美人外，还有白玉楼、杏花阁、五月花、醉月楼等。"黑美人"台语谐音就是"All Beauty"，可说是绝妙好辞。黑美人至今仍霓虹灯闪烁，2011 年行情一桌起桌价 8000 元，外加包厢费2500 元，乐团、小姐与酒水另计。

战后休养生息，国民生产毛额从 1960 年的 164 美元，到了

1980 年的近 2400 美元。口袋有钱就有能力上酒家，不只是男人，在当时餐厅为数不多的年代，酒家成了宴客、寿宴、交易、应酬之处，甚至是公家单位下班后"乔事情"的地方，黑白两道也穿梭其间。但即使如此，酒家对一般人来说，仍然是充满神秘感的场所。

第二代酒家菜初期经常用的食材有鸡、鳗、鱼翅、鳖，比起第一代酒家菜，有延续过去，但更多的是创新。这时期的菜色少了文人菜的雅气，多了卖点与卖相，也可以说是台菜历程中原创性较高的年代。光鲍鱼做法就有三十多种，每位在酒家工作的大厨，都要有研发一二百道新菜的能力，人人口袋里都有一张神秘的小菜单。

如一道"鲤鱼虾"，将虾泥捏成一只只鲤鱼形状，插上瓜子仁模拟鳞片，再下锅酥炸。还有如"凤尾鱼翅"，原是满汉全席中的一道菜，不过台式酒家菜只取其菜名，做法却截然不同，以鸡皮包住鱼翅，鱼翅经过加热，翅针自然伸展开来，其针会自寻鸡皮毛细孔刺穿而出，令成品犹如刺猬，十分神奇。

另一道"七仙女"可不是什么酒国名花，而是一道菜名，连菜名都很有粉味吧！这道菜让陈渭南至今仍印象深刻。顾名思义就是有七样菜（在一个大圆器周围摆六样菜，中央可放热炒或汤品，加起来共有七道），可说是一个超级豪华大拼盘。六样菜里有一道固定的是罐头鲍鱼，另有海蜇皮或海蜇头、白斩鸡或烧鸡、烤乌鱼子或烤中卷、卤大肠或猪肚、凉拌鸭舌或鸭掌。摆正中央的当然是重头戏，可以是热炒，如炒鸡睾丸、炒香螺或皇冠（鸡冠），也可以是勾芡、红烧或清炖的汤品或手路菜[14]，像鸡翅里塞酸菜、塞竹笋、塞香菇或火腿等。

"七仙女"无论做法或组合都变化多端，懂得点这道菜、还指名要放什么菜，就可知是内行的饕客。这道菜同时也可看出师傅的烤、煮、凉拌、烧、卤等厨艺功夫。

第二代酒家有一点很特别，很多菜都只用来免费招待。酒家的股东多，每位股东都是老板，人必称"董事长"，因此一家店里有几个王董、张董、李董，实属稀松平常。针对熟客，股东们会"撒米速"送个小菜或小火锅，这时服务生会喊"王董招待"、"李桑招待"或"妈妈桑招待"，给足主人面子。"一道菜成本只要两三百，但主人奇摩子爽[15]，一掏就是一两千元小费，以现在物价来算就将近是一两万元了。"当时为了争取小费，师傅们无不在菜色上下足功夫，甚至还出现"炸冰块"这种怪菜，据说比炸冰淇淋厉害几百倍，成本只要十五元，却能炒热气氛，还能创造一两万元小费，经济效益奇佳。

与情色分不开的酒家菜

当时商人应酬的第一摊通常是一般民间餐厅（有的也会直接上酒家），第二摊到酒家，第三摊才到北投洗温泉。酒客可能在第一摊已经吃到七八分饱，到了酒家就只吃点热菜，续到北投温泉饭店时，就只吃得下清粥小菜了。

北京永泰福朋喜来登酒店中厨高级厨师长武力曾来台客座，他诧异台湾夜生活的萧条，"半夜两点，九成店家都打烊休息了，北京的夜生活才正热闹！"众人大赞北京人体力好，他回答："这不是体力好不好的问题，是大家心情都好。"这也说明了台湾当时跟现今的大陆一样，经济快速起飞，生意人钱赚得多，意气风发，自然有十足精力跑上三摊。另一方面，人们在极短时间内遇到前所未有的经济环境的剧变，确实需要一种激烈的舒解渠道吧。

当时，包括酒家、茶室这些特种行业都受政府管控，酒家称为"菜店"，酒店小姐私下被称为"菜店查某"。当时的侍应生与服务生需要接受训练，"侍应生"以现在说法应算是公娼，"服务生"应该算酒店公主，受训内容分为学科与术科，受训地点在戏院与公园，训练项目有救护、政治、防谍、宣慰讲话，看起来很像军训课程。

不仅侍应生，连服务生都要定时进行性病检验（当时报纸写的是"检查下体"），经过检验发现，服务生得到淋病与梅毒的比例居然比侍应生还高。经深入了解才知道原来服务生也会偷偷接客，而且因为未领有牌照，夜度资比侍应生低，加上没有定期检查，也就未能及时治疗，使得花柳病益加蔓延。

台北酒家平均每家都有上百位小姐，属于驻店形态，美色水准较北投一致。领有牌照的酒家，客人若有需要，会带出场吃宵夜或过夜；没有牌照的地下酒家则有神秘隔间，称之为"分房"，例如酒家的二三楼是用餐区，四楼就有空房可供"处理一下"。

人说"醉翁之意不在酒",当然更不在菜了,那酒家菜为何要如此讲究呢?原来以前生意人在外谈酒家话题、分享心得,直接讨论哪家小姐漂亮、哪家身材不错有失文雅,于是会以提"哪家菜色做得好、哪家师傅的手路菜有一套",就能光明正大地分享。

酒家菜的没落

第二代酒家菜比起第一代相形失色,到了第二代晚期更每况愈下。原因之一是当时两岸无法通行,即使走私也价格昂贵,高档食材取得不易,久而久之,会做的人也逐渐生疏。其次,初期的酒家师傅随时间年老病故、移民海外或转业,厨艺传承出现断层。最后则是现实环境考量,当时进入工商业社会,讲究的是效率,因此厨房人手大为缩减,食材处理程序也就相对简化了。

这时期的酒家之所以凋零,后期餐饮水准下滑,很大原因跟税金有关。国民政府时期,政府对酒家抽税极高,刚开始抽"筵席税",每桌抽 20%,而且还要求五天就要缴一次。这让许多酒家老板们都大喊吃不消,黑美人、东云阁、白玉楼、望花台的老板们就曾经联合陈情:"自愿依据最近三个月的平均税收数额增加一成半税额,希望财税警联合查缉执行小组停止前往酒家驻征筵席税,否则酒家要关门大吉了。"[16]

不过政府并未因而松手,反倒在 1973 年起另征收酒家的"许可年费",甲级酒家(大型酒家)每年得另缴 30 万元[17],才时隔一年,竟跳涨了五倍[18],费用达到 150 万元。至于筵席税不仅没少征,还增加到了 52%[19]，隔没两年，许可年费再涨三倍，甲级酒家的许可年费就高达 450 万元。到后来，业者已经无力负担，甚至与政府协商用分季偿还税金[20]。

这样的高额负担，使得酒家老板自然需要缩减成本以负担税金，也就无力将心思放在菜色上，使得酒家逐渐走入地下化，变成无照营业的酒家，或是选择关门大吉了。

北投·酒家·菜

　　许多人都听说过"北投酒家菜"，它与台北的酒家菜有何不同？不能光从"菜"来看，要从北投→酒家→菜的顺序来看，这样才能对"菜"有更全盘的了解，而且有了北投与酒家的背景，菜才显得有意思。

日本人眼中的极乐之旅

　　谈到北投温泉旅馆的兴起，要先说到北投地理的独特性。北投与士林原本不归属于台北市辖区，而是隶属于"阳明山管理局"，1954 年核定成立"女侍应生住宿户联谊会"（公娼制度），使当地成为合法的风化区，以现代的话来说就是"红灯区"。但北投的红灯区条件更优渥，还有天然温泉与住宿服务，食、色与观光都包了，情色的芽头逐渐开始滋长，如藤蔓般在北投的山区缠绕盘旋。

　　在 1969—1973 年间，北投华南、热海和万祥等几家观光饭店陆续开业，最高纪录曾达七十八家旅馆，其中以新秀阁的装潢最豪华，吟松阁则专做日本客。当时日本有纯男性观光客包团，标榜"极乐之旅"，就是搭飞机到台北进行北投两日游。每天都有一二十辆游览车从松山机场直驶北投，观光饭店天天客满，旅行社还要通过关系拜托旅馆和饭店，才能订到房间和宴会厅，这可说是北投温泉的巅峰时期。

直到一张照片——美国大兵面露微笑，左右手各搂着一个裸女共浴——登上国际媒体版面，闹得沸沸汤汤，终于激起了台湾的民族自尊心，蒋经国一怒之下下令扫黄。他便以将士林、北投改为台北市辖区为由，与当地业者协商，以走向国际化为目标，希望能协助当地业者转型漂白，使北投成为一个纯观光游憩的区域。后来1979年废公娼制度，北投确实逐渐没落，但也逐渐转型成功，如今已成为一般家庭也能轻松前往度假的地方了。

只做熟客的特殊形态

现位于北投的"美代温泉饭店"，早年名为"龙门饭店"，就是在1975年纳入台北市辖区后，发现台北也有一家同名饭店，因而取谐音改名"隆门饭店"，直到几年前，决定不再兼营色情交易而再度易名，便以老板的名字"美代"为名，改为"美代温泉饭店"。

美代总经理，同时也是第二代的黄光贤说道，北投地区旅馆早年的消费形态十分独特，甚至可能不得其门而入。从外观看来是一家灯光明亮、正在营业中的旅馆，但若进门表明要消费或订包厢，服务人员便会来个软拒绝："对不起，今天已经客满。"客人不免心里纳闷，明明就没见到什么客人。这时，自以为上道的客人还会出下一招，"这样好了，我这里有五万元，钱就先放在柜台，我们先进去消费，如果消费额度超过，再来通知我。"服务人员还是不改口："对不起，今天真的已经客满。"难道有钱还不要？

原来在北投地区，部分温泉旅馆是走熟客制（或者说半会员制），没有熟人引荐是没法消费的。会有如此特异的"规矩"，与消费制度有关，在这里只要是被店家当作熟客，就能一切无往不利、予取予求、酒足饭饱、美女陪浴（当时是合法）、欢唱尽兴，等到买单时，只要在本票上签个名便行。

当年没有信用卡签账，花了这么多钱却不需要付现，不仅让主人做足面子，看在同行的宾客眼中，就是一种财力与信用最好的证明，双方生意自然也容易谈成。

北投的酒家

全盛时期应召到北投旅馆、饭店陪酒、陪宿的女侍应生有一千多人。女侍应生都是靠饭店柜台来电通知，即刻搭着摩托车上山来供客人挑选，摩托车司机便在饭店外头等，若经客人钦点，女侍应生便留下来，不满意就搭回头车下山，有点像宅配。华南饭店是当时数一数二的名店，当时如有载着大批日本客的游览车抵达，门口

就站了五六百位小姐可供挑选，盛况不输今日的台中金钱豹。

小姐们上班前要先上美容院妆点打扮，自然也就带动美容业兴起；而北投小径、上坡多，因应小姐们上山下山，也带动个人摩托车行的载送服务。再来就是那卡西——一种流动的、走唱的方式，以两人或三人为一组的乐团表演，轮流到不同包厢里演唱，用以娱乐酒客、炒热气氛。开始由歌手主唱，后续由酒客自由点唱，如今的红星江惠、江淑娜、黄乙玲，都曾在那卡西演唱，当时北投一带温泉旅馆才七十多家，但那卡西就有五百多团。

北投温泉饭店与台北酒家的结构不同，台北酒店是驻店制，乐队、厨师、小姐全是由店家付薪水；北投温泉饭店则是外包制，小姐、乐队都是外包，连厨师都可以各店相互支援，属于流动制的组合，它在一种灵活的机制下运作，几乎只要盖好一家空壳旅馆，就可以开始营业了。

除了上述特殊的消费方式外，北投一般温泉饭店进门前会先收一笔清洁费，若要休息、过夜或叫小姐则另外计价。不全是酒客，一般家庭客也会在温泉饭店举行寿宴或满月酒，价格较大众化。至于台北酒家主要就是商务人士谈生意、应酬，有小姐服务、陪酒，自然价格较高。

北投的菜：主随客便混搭风

在菜色上，与大稻埕相较起来，北投温泉饭店的菜色大宴小酌均有，针对日本客还多了会席料理与解酒用的清粥小菜。而日本料理后来也与广东菜、台菜融合，成为混搭式的搭配，例如日式生鱼片、烧腊拼盘、鱿鱼螺肉蒜锅等。这种日式、广式、台式菜色依顺序参杂，也可能一个拼盘中同时有日式炸虾、港式烧腊、凉拌竹笋美乃滋的菜色，是一种没有框架与派系的组合方式。

比起三四十年前，现今的北投温泉旅馆在菜色上又添了一些变化，增加了些许异国料理的元素，包括酸辣鸡翅、月亮虾饼，或激辣的韩式泡菜也融于其中，是一个以商业为导向的料理形态。

而令人意外的是，当时在北投绿园饭店的女服务生沈云英，离开北投后在台北市经营起专卖清粥小菜的餐厅"青叶"，使得在北投原本被当作醒酒、宵夜用的清粥小菜开始冒出了微弱的火花，之后竟大放异彩，甚至海外设点，成了现代台菜的代表，让许多人始料未及。

女人撑起台菜的一片天

纵使可能会引起很多男人的抗议，不过台菜确实是女人撑起的一片天，女性用柔软又坚毅的臂膀，让台菜得以经过时代的摧折而有幸存留下来。

据一份非正式调查显示，台湾餐厅超过十年存活率的只有7%，超过五十年的只有万分之一。在大陆要找到百年老店比比皆是，但在台湾得以历经五十年而屹立不摇的餐厅，就实属难得了。

台北的青叶餐厅创办人沈云英、欣叶餐厅创办人李秀英、鸡家庄创办人李雪玉、梅子餐厅创办人王梅子、台南的阿霞饭店吴锦霞、真的好餐厅总经理黄棻音……这几家目前仍是台面上数一数二的台菜餐厅，都是由女性掌舵。她们不是老板娘，而是货真价实的女老板，这几家店目前多传至第二代，其中阿霞饭店与鸡家庄仍维持女性主导，她们经营餐厅的传奇故事，与一般男性主事者有很大不同。

图片提供／青叶餐厅

女子远庖厨？

女性开餐厅，尤其是开中餐厅，难度高过男性，因为女性多未能深入餐厅的核心——厨房，一方面受限于早期厨房设备简陋，一方面是先天体能限制。如果你曾进入过简陋的中餐厅厨房，绝对会对厨师这行业肃然起敬，吸力虚弱的抽油烟机、高温燠热环境，连五脏六腑都快被烤熟了。中餐讲究火候，道道都是以大火快炒、高温油炸烹调的料理，轰隆隆的快速炉让厨师们得扯开喉咙嘶声叫喊，晚年声带受伤者比比皆是，法乐琪餐厅负责人张振民的哑嗓便是这样来的。我们桌上的道道美食，是厨师用健康与血汗换来的。

军人的舞台是战场，而餐厅的战场便是厨房，犹如每天都上演的丛林实战。动物都有建立自己势力范围的本能，行船与厨房最明显，无论是船只或厨房，都是将人长期安放在极小的区域中，因而人类的动物本性便逐渐显露出来，对领域开始有所捍卫、掠夺、侵占。因此男人在厨房里勾心斗角、尔虞我诈，脏话就像随手挤出的番茄酱一样多。

而女性既进不了这个血淋淋战场，又如何主导其中？与大厨关系不好，就要担心掌握口味好坏的大厨动不动拿翘；与大厨关系太好，在保守社会里又要避免被闲言闲语。在外场与客人关系也要拿捏，太殷勤怕被吃豆腐，招呼不够又怕被客诉。

图片提供／青叶餐厅

从北投酒家菜到台菜餐厅

当北投温泉旅馆的红男绿女仍在醉生梦死之际，原本在北投绿园饭店担任服务生的沈云英，带着北投酒家菜中做法最简单、技术门槛最低的"清粥小菜"往山下另觅一片天。她与亲戚在台北圆环（重庆北路一段与南京西路交叉路口旧建成区）一带开了一家名为"红叶"的台菜餐厅，菜色以清粥小菜为主，从六张桌子的小店开始做起。

由于沈云英交友广泛，一些过去北投的旧识便会带着日本客人到她店里光顾，日本人通常只有生病才吃粥，看台湾人吃粥感觉有趣，加上口味清淡，渐渐就越来越受欢迎。

沈云英有一票结拜的好姊妹，她后来决定与这群姊妹们自立门户，在台北市六条通开了一家台菜餐厅，取名"青叶"，成了现在台菜餐厅的滥觞。六条通一带正是日本人居住的聚集处，沈云英有日文底子，很多日本黑道老大、白道的商社社长都是她的熟客。有日本人加持与第一代主厨颜老允的厨艺佳，在这样天时地利人和的情况下，声势水涨船高，甚至在当时的观光客间留传着"没到过青叶，就没去过台湾"的说法。

青叶有多风光？"只要报出青叶的名号，在外面餐馆谋职就变得很抢手。"在青叶任职三十七年的主厨郑尧旭说道，"以前不兴预约，到青叶用餐还得抽号码牌，无论天气多冷，都有人在门外排队。"当时很多人都知道，"青叶那时不接桌菜，并非做不出来，而是青叶讲究客流量，若是接了桌菜，一坐就很久，根本无法有翻桌率。"

好友徐文玲告诉我："小时候如果知道晚上要去吃青叶，全家人就会一整天饿肚子等着晚上吃大餐。"

当时尚未有刷卡服务，所有人用餐都以现金埋单，餐厅的会计每天从午餐、晚餐、宵夜分三个时段把结账后的现金送到沈云英家，虽与餐厅只隔一条街，却需要保镖在一旁做陪。

青叶也把获利分享给员工，以当时的物价来说，吃一碗阳春面只要 12 元，但青叶就拿出好几百万元盈余分给内外场员工。由于负责人清一色是女性，站在女人立场，也鼓励员工生产，不成文规定是生一个小孩就发奖金 6000 元。

青叶就算每天从早上九点开店，一直到夜里十点关店，没一刻休息，仍无法消化客量，因此尔后在对街再开了一家分店，两店光员工人数加起来就有近百位，全盛时期全台北曾拥有十四家分店。然而，分店生意却不见得间间兴隆，"或许是客人心理作祟，觉得本店的菜比较正宗，其实分店资源也是从本店传过去的。"

青叶分店股东之一的李秀英，后来自立门户创办了欣叶餐厅，1977 年在台北市双城街落脚。李秀英做生意脑筋很灵活，司机如果送客人来店里用餐就送一条烟，北投小姐带日本客来就可得抽成或送化妆品，因此生意源源不绝，再加上养母张宝珠，以及旗下两员大将——人称"罗东师"的官茂寅、人称"阿南师"的陈渭南的通力合力之下，店内生意日渐稳定。

如今欣叶已经集团化经营，旗下有日式料理、呷哺呷哺涮涮锅、咖哩匠咖哩专卖店等，在新加坡、日本、北京也均有台菜分店，年营业额达新台币 14 亿元，俨然成为台菜餐厅的代表。

一时叶子满天飞

欣叶开业没多久，分出了另一家芳叶餐厅，负责人蔡礼乐在商界十分活跃，经营芳叶已非从传统小吃店角度，而是以企业化、集团化的方式经营。现在很流行的电脑点餐服务，1987 年芳叶集团就斥资千万，研发如麦当劳的电脑点餐技术，计划往中餐速食的方向进行，后来还推出"台菜吃到饱"餐厅。

芳叶的菜色不局限在清粥小菜，台菜宵夜、大宴小酌、海鲜宴会、山珍野味及石头火锅等各式料理通通包办。店面位于台北市仁爱路四段（当年财神酒店后方），是当时台北的精华地段，类似现在台北市信义区。台菜餐厅可以开在这样的地段，代表吃台菜是当时一种高级享受。

或许是叶子效应发酵，1982 年在台北市中山北路二段还开了一家金叶台菜餐厅，以供应台菜、海产与清粥宵夜为主，另有每客 50 元的"台菜定食"，包括白饭、排骨、烤鳗、煎蛋、青菜、沙拉、汤等。一时叶子满天飞，只是后来叶字辈也逐渐凋零，只剩青叶与欣叶两家屹立不摇。

现在在青叶本店里仍有很多老将坐镇，服务生清一色都是熟女，胸前的基本配备是老花眼镜，不是已待上四十年，就是已当阿嬷。

台菜最吸引人的不是山珍海味，而是老店人情味。

　　那男性跑哪去了？男性不将招牌钉死在"台菜"的字眼上，台湾人爱吃海鲜，于是便多命名为"海鲜餐厅"，但实际菜色也不离台菜范畴，如华西街台南担仔面、台中新天地、海霸王、新东南，都属于这类餐厅。

台菜中的土鸡城料理

早从江山楼、蓬莱阁时代，台湾菜单中便有许多以鸡为主的料理，如蓬莱阁的招牌菜之一就是"脆皮鸡"，还得选用淡水、中坜一带的鸡，"这鸡是养在相思树下，相思树叶掉落泥土会变成肥沃的土肥，吸引蚯蚓、毛虫，鸡吃这虫长大，就特别肥。"

台湾人吃鸡很讲究，土鸡、阉鸡、放山鸡、仿土鸡、肉鸡、蛋鸡、乌骨鸡等，各有不同的烹调方式。而土鸡城料理可说是首次出现的鸡料理（尤其是鸡锅物）的主题专卖店，土鸡城出现了许多原创性、本地化料理，是台湾近代庶民饮食中重要的一页。若开车往市近郊循着山路走，就会见到各式五花八门的立牌，招牌旧一点的、有点退色的，往往是土鸡城的招牌。

土鸡城的由来

钓虾场跟土鸡城约莫兴起于80年代，土鸡城要比钓虾场略早些,当时台湾刚度过第一次能源危机,经济开始起飞,生活条件已获得改善,一般人除了工作,也开始重视休闲生活。那时还没有双休日,周六还要上半天班,过了中午才能下班。假期也只有一天半,去不了太远的地方,因此到郊区乡野里踏青、溯溪,就成了当时的休闲主流。不过,光有得玩却没得吃又嫌单调,因此山野间便兴起了土鸡城这类兼具休闲餐饮的店家。

顾名思义,"土鸡城"就是提供许多土鸡料理的店家,多半是盖在山边的平面铁皮建筑,没有密闭窗户,因此不会自称"土鸡楼"或"土鸡餐厅",又由于占地面积往往超过百坪,因而夸称之为"城"。鸡是一般人接受度最高的禽类,相对于专用来生产鸡蛋的蛋鸡或速成的肉鸡,土鸡标榜的是农家自养、活动空间大,肉质紧实有咬劲,因此很受欢迎。

以台北来说,阳明山与北投是土鸡城兴起最早的地方。当时台北市政府为指导农产品运销,大力辟建产业道路,原本不易到达的深山角落,却因为开路后而多了一些新开发的处女地,使得寻访秘境的游客更容易到达,也进而促成土鸡城的发达,四处林立土鸡城可说是各踞山头。

虽只有一天半假期,假期短才更要过个够瘾才行。星期天可以晚起,于是当时就很流行"夜游",深夜里节目也不少,有些人选择看完夜景、洗完温泉后再杀到土鸡城去吃宵夜直到半夜两三点,酒足饭饱才下山。这也使得土鸡城越夜越热闹,原本该是一片漆黑寂静的山林,却反而灯火通明,笙歌不断。

虽说一边吃一边饱览山色风光，感受溪水泉涌的感觉还不赖，但平日土鸡城的客群多为业务员、自由职业者或蓝领阶级为主。一般的上班族工作时间固定，难以四处自由行动，尤其到近郊又需要较长的活动时间，加上蚊子、苍蝇也不少，待惯冷气房的上班族多半吃不消。

土鸡城的全盛期约在1990—1995年间，当时台湾股市上万点，没什么不盛的。但1995年后，土鸡城生意便不如往日，位于新北市新店区的锦龙土鸡城老板吕添传说："当时建筑业蓬勃发展，很多客人都是盖房子的，不过政府开始推行双休日后，有人回乡，有人计划到外地旅游，土鸡城的生意便开始走下坡。"

土鸡城除了提供鸡料理外，为了争取更多的商机，也逐渐加入很多附属的娱乐功能。有温泉的区域，便出现附属泡汤设施的土鸡城；钓虾场兴起，便出现附属钓虾场的土鸡城；啤酒屋一流行，土鸡城还有现场驻唱，广口杯、生啤酒，样样都不少；卡拉OK伴唱带更是基本配备，还有的提供儿童游乐设施，甚至酒足饭饱之际，还能顺便来一局方城之战。

土鸡城的菜色

行动上因时制宜，菜色上也能因地制宜，例如靠近南港山上产包种茶，当地就有土鸡城推出"包种茶鸡"；南投民间一带盛产药草"狗尾草"，"狗尾鸡"就成了当地土鸡城名菜。此外，土鸡城多半是山间农家半主动兴起，对于菜色没有太多想法，几乎是全国统一菜单，每家的基本菜色大同小异，从竹笋鸡、菜脯鸡、凤梨苦瓜鸡、破布子鸡、白斩鸡、麻油鸡到蒜头鸡都是基本款。

鸡汤需要时间熬煮，越煮味道越浓郁，这也是土鸡城不至于沦为团膳餐厅的主因。像破布子、菜脯鸡、凤梨苦瓜鸡，都是越煮越甘甜，因此品鸡汤就成了主题，汤锅底下放个小煤气炉烧着，冬天夜里既可取暖，又可熬汤，众人围坐聊天，自然用餐时间拉长，各式话题与鸡汤都是聚会的重头戏。

土鸡城面临的挑战

发达了十几年，土鸡城也面临到了困境。现有的土鸡城几乎没

有一家是完全合法，原因是它们多处于山坡地，这些地区几乎都是保护区，依法不能建筑。即使有些土鸡城的地点不在保护区内，但因山坡地的开发容易影响水土保持，政府规范特别严格，建筑成本较高，也较难获准建筑。在此情形下，不管是不是保护区，商家为了省麻烦，干脆不提申请，擅自搭建，结果造成无照营业，反而管理更困难。

虽说还是有死忠顾客，不过除了环境卫生和违建问题外，土鸡城还要挑战继而兴起的景观餐厅——吃异国料理、喝花茶，而不是维士比加台啤。近年来，政府又实施酒测，别说到土鸡城，就连一般市区的快炒店、海产摊生意都受影响，"全盛时期附近有十三家土鸡城，现在只剩一半了"。

不过也别担心土鸡城会消逝，它不容易被淘汰，主要业主通常是当地人，店面不需租金，平日则全家人充当内外场，假日则雇用亲戚当临时工，如此便可大量节省人事开销。不过对农家来说，只要还经营得下去，他们并不想改变现状，"在山上还能做什么生意呢？日子也就这么过着吧。"这也是土鸡城业者普遍的心声。

台菜首重味淡

近年来两岸交流频繁，大陆团客开放来台，日月潭成了陆客必到的景点。位于日月潭附近、南投县埔里镇的金都餐厅总经理王文正曾说："已准备了三百斤的辣椒，就等陆客来，为配合各地口味，北方人重咸，湖南、四川人爱吃辣，辣椒是少不了的。"只要是有陆客在的餐饮场子，不仅盐巴加量不加价，而且转盘上一定会有四大碟调味料——两碟酱油、两碟辣椒酱。

不过陆客也不见得吃得惯台式酱料，据说他们口耳相传来台要随身携带的，可不是肠胃药，而是调味料。一位曾经受邀来台客座的甘肃厨师告诉我："大家提醒我要带酱油跟辣椒，因为台湾菜根本没味道。"

有一年到山东去，当地导游告诉我，台湾游客吃得很清淡，每次带到台湾团，总得跟厨师商量盐少放点，但每次客人还是抱怨太咸，直到有一次，客人终于说味道刚好，她便兴冲冲地跑到厨房去告诉厨师："以后就这样照办吧！"没想到厨师回答她："这样刚

好？我根本没放盐！"这可不是夸张，因为山东菜里有很多食材都是卤制，即使不放盐，也已经有咸度了。

与食盐用量赛跑

这几年走遍大陆各省、港澳、新加坡，跟当地饮食比较，与当地人交换意见，所有人都有志一同：台湾人是华人里口味最淡的。这可是有数据可证，据统计，1960 年台湾每人每年的食盐食用量约 12 公斤，到了 1988 年已锐减至 7.3 公斤。但卫生署仍耳提面命："超标了！"那时台湾人每日的盐食用量在 20 克，离专家建议的 8—10 克仍有遥远距离。

说到盐，台湾知名导演李安有部电影《饮食男女》，灵感就是从家里的餐桌上来的。李安的父亲李昇吃饭时规矩多，在餐桌上很严肃，早年有个厨子叫老杨，老杨做菜时盐往往放得重，无论怎么劝总改不过来，甚至有一次连稀饭吃起来都是咸的。有一次李昇火大了，趁老杨不注意，在老杨的稀饭里也狠狠加了半碗盐，待老杨坐下来吃饭，纳闷地自言自语："奇怪，今天稀饭怎么那么咸？"这展现出了李昇调皮的一面，或许李安个性中也遗传了父亲隐性的一面。

再有一说是关于蒋经国的。多数人都知道蒋经国勤于下乡，民间友人多。圆山饭店的高层曾告诉我，蒋经国很不重视饮食健康管理，剩菜煮了又煮，口味又重，等医生发现他患了糖尿病时已经来不及了。他晚期饮食全由圆山饭店调配，调味变得很清淡，于是他

便趁下乡民间友人招待他吃饭之际解馋，因此可以发现，他的民间友人很多都是专营小吃店的店家。

到了 2009 年，台湾人的盐食用量已降至 3.6 公斤，约只有五十年前的四分之一，已经达到专家说的 10 克内，算得上有长足的进步。只是专家的标准又改了，认为每天要吃 6 克才健康。就像这样，台湾人似乎总在跟健康赛跑，但可以证实的是：台湾人吃得越来越清淡了。

盐税制度的终结

盐在台湾饮食史中也有着划时代的意义，那就是盐税制度的终结。早年买卖盐是要课税的，1952 年，也就是国民政府来台的第三年，那时一年的盐税税收约 0.2 亿元，但到了 1953 年，盐税每担从 36.1 元增至 163 元，增长 450%；1969 年再度加码，食盐的盐税从每斤 1.34 元增加至 2 元，又再增长 50%！在政府这样的"努力"之下，1975 年的盐税税收竟高达 1.9 亿元，也就是在将近二十年间，盐的税收增加了近十倍。

这样的税赋让人民受不了，当时盐走私猖獗，民怨连连，各界反对声浪不断，媒体通过舆论向政府施压要取消盐税，终于在 1976 年，当时"总统"蒋经国宣布隔年取消盐税，至此，始于汉武帝时期的食盐专卖制度终结于台湾。

台湾人不只少吃盐，在饮食上也减少用油比例。台湾人之所以

如此重视健康，或多或少是从身边亲友的例子体会到饮食与健康的重要。所谓病从口入，台湾人的十大死因首位为癌症，自 1982 年至今未曾改变过，其余的疾病还包括心脏疾病、脑血管疾病、糖尿病等，都与饮食有密切关系。

不仅如此，蒋经国因糖尿病引发多重器官衰竭而死，孙运璿因中风而与"总统"一职失之交臂，有"台湾科技教父"之称的李国鼎、民进党大老黄信介、"前总统"严家淦及蒋经国之子，也就是台湾东吴大学前校长章孝慈，均死于脑中风，这些例子就活脱脱在眼前，台湾人怎会不吃得清淡呢？

贫瘠的滋味

面对灾厄般的命运，幸亏台湾人天性中有苦中作乐的因子，使得生命有喘吁转圜的余地，这一点从饮食中便观察得到。

贫瘠的味道多少人记得？

澳洲原住民会吃木蠹蛾的幼虫，住在西伯利亚北部的涅涅特人（Nenets）会吃身上的虱子，还说"像是在吃糖"。这吃虫的习惯可非国外独有，台湾知名风筝玩家谢金鉴，小时候家住新竹新埔一带，他说当时很多小孩都吃过椪柑虫，他形容这种虫"长得像蛆一样，不断蠕动看起来很恶心"，"但对小孩子来说，只要能吃就好，而且放在瓦片上烤，真的很好吃，大人们也觉得很好，因为这种虫蛋白质丰富"[21]。

说到这里，长幼各级朋友们开始说起自己的童年，好像一场吹牛大赛。有人说他小时候嘴馋，没东西吃就吃万金油，因为夏天很热，吃起来凉凉的也不错；还有人说自己会趁刷牙时吃一点牙膏，甜甜凉凉的很好吃。

这些都还算有得吃的，台湾美食展筹委会执行长蔡金川说，小时候若能捡到美军丢弃的口香糖纸，光是闻那香香的气味就很满足。另一位朋友则说当时家中靠捡破烂维生，以现在的话叫做"资源回收"，"父亲捡到了美军抽剩的烟屁股，就把烟纸撕开，把剩下的烟草兜一兜，再捆成纸烟抽。我拿到可口可乐瓶盖，睡前就偷偷舔着瓶盖里残存的一点汽水气味入眠。"

作家钟铁民小时候最大的乐趣便是挖番薯饭，必须费力将布满厚厚的上层番薯拨开，才能挖到底下的白米饭，"在这过程，有种如获至宝般的兴奋"[22]。

台湾人乐天知命的味道

时间回到现代，新竹科学园区是台湾高科技产业最大规模的聚集地，年产值大约有 1.2 兆台币。不过，距离竹科不到一公里的头前溪畔，这几年有来自台东、屏东、花莲等部落的原住民陆续聚居，他们大都从事绑铁、板模临时工。因为收入微薄，无以为食，而恰巧每家附近都能捡到大蜗牛，养三天吐沙后便能烹煮来吃，他们笑称是"牛排"，不论热炒煮汤，都吃得很开心。晚上团聚欢唱，炒蜗牛配"三合一"（米酒、伯朗咖啡、台农鲜乳）喝，自称"好客村"。竹科人虽然领有高薪，却不时传出爆肝过劳、自杀的事件；相隔一公里

外的"好客村"虽然贫穷，却夜夜笙歌，自得其乐。

　　这是台湾原住民面对困苦环境时一种克难的饮食方式，虽然无奈，却很能调适，相互安慰或又调侃，苦，也能苦中作乐。这并非是原住民才有的特质，闽南人说"时到时担当，没米煮番薯汤"，意思是说遇上任何困难就去面对或克服，总之一定会有变通的方法。

　　台湾在自然环境上有台风、地震、水患等各种无法预知的天灾，十分无常，长期处于不确定的状态，一般人无力抗拒，只能顺从。但要顺从什么呢？有时甚至连要依循的准则也没有，因此只能听凭船到桥头自然直，抱着"见招拆招，总会有办法的"态度过活。

　　不过，怎么说都还是作家黄春明的阿嬷厉害。黄春明小时家中贫苦，过年时能吃到的甜年糕数量每况愈下，一年，他只分到一片几可透光的甜年糕，年糕硬的时候还是可以吃的，只是口感没有油炸过的好。

　　他于是向阿嬷抗议："这年糕怎么这么薄？"阿嬷说："傻孩子，这个就是让你咬成一只动物啊。"阿嬷解释，牙齿可充当人体剪纸机，要咬出一只动物外形，小猫或小狗都行，所以要啃几口、拿出来看一下，以免走形，一小片便可以吃很久。也许是遗传，也许是教育，黄春明长大后，就成为一位创意无限的作家。

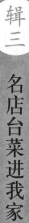

辑三

名店台菜进我家

01

掌握速度同步的番薯糜
台北福华蓬莱村版

材料（三人份）

蓬莱米 100 克

番薯 200 克（最好为台农 57 号）

水 1000cc

* 米、番薯、水的比例为 1:2:10

做法

1. 洗米。

2. 大锅水滚了之后，放入洗好的米。

3. 当水与米一同滚了之后，放入切好的番薯。

4. 间断性地搅拌，待米芯开了便可熄火。

5. 上盖焖约半小时即可品尝。

大厨选材

■ 挑选番薯身材呈纺锤状的，避免凹凸不平的体
态，否则去皮时容易耗损过多。

小贴士

- 番薯糜一般用生米煮（台式咸粥则是用熟饭煮），熟饭煮的颗粒较粗，口感不够滑顺。

- 番薯要以滚刀大块切。滚刀是为了增加番薯的受热面积，可加速变熟；大块切成约半个拳头大，其目的是增加口感，且不易在粥海里化为薯泥。

- 番薯共有两层外皮，外层皮就是与泥土接触部分，内层皮连着果肉，略带白色。若不削除内层皮，煮起来的番薯容易有像淤血的黑印子。有黑印子还有一种原因是番薯泌出的乳汁，属正常现象。

- 在煮糜过程中，如果泔浮出泡泡就用勺子搅拌一下，让冷空气进入泔里，这样就不会漫出锅外。切忌不要加冷水，在日本料理宗师小山裕久《料理的神髓》里也提到类似的概念。因为当番薯外表好不容易已经有六七分熟，中心有三四分熟时，加冷水会使原本舒张开来的毛细孔如同被浇了一盆冷水，全身都冻僵了，毛细孔全又缩了回去。这样一来一回间，不仅拉长熬煮的时间，也会使内部组织过度膨胀而破坏，降低了口感。

台北福华大饭店蓬莱村主厨王哲文：

番薯糜最重要的就是要把握好时间，如果不在对的时节、对的时间点吃，就吃不到最好吃的番薯糜。对的时节指的是入秋后到隔年的4月，时间点就是糜煮好后的半小时至一个小时，这是黄金中的黄金时刻。

02
一双筷子完成的菜脯蛋
青叶 AoBa 餐厅厨房

材料（六人份）

沙拉油 500cc

蛋 5 颗

菜脯 150 克

葱花、红糖、白胡椒粉各少许

—准备工作—

■ 菜脯买回来后别急着吃，准备工作就需花一星
  期的时间，因此可以一次做多一点分量，除应
  用在菜脯蛋外，还能用来配饭、拌面、炒小鱼
  干、辣椒、豆豉，也可搭配鸡丁炒饭或取代盐
  当调味料用，冷藏约可保存一周左右。

■ 先以清水洗掉菜脯缝隙里的灰尘或细砂，再以厨
  房纸巾拭干，加入红糖以手轻抓按摩，使其呈
  湿润状。接着以红糖腌渍，作用是让菜脯不至于

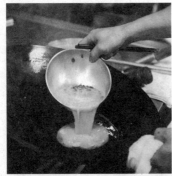

死咸，届时与蛋的味道密合度更佳。最后再覆盖上保鲜膜，放入冰箱腌渍冷藏一个星期，要用时再取出并以清水冲洗 10 分钟。

做法

1. 菜脯切丁，可依个人喜好选择颗粒大小，基本款是剁成约花生米大小。

2. 起一油锅加入少许葱花、胡椒粉、红糖炒香，倒入菜脯拌炒至颜色变深再捞起备用。

3. 蛋打散备用。

4. 炒锅内倒入沙拉油，开大火，先下蛋液再放入菜脯。

5. 关小火，等蛋膨胀成如甜甜圈状鼓起时，倒除锅内多余的油。

6. 用长筷子迅速帮蛋整形并拨均菜脯，使其分布均匀。

7. 将蛋翻面不动，约 30 秒后即可起锅。

大厨选材

■ 菜脯蛋用的菜脯，发酵时间不能太短，时间不足则萝卜本身原有的辣味未退，但最长也别超过一年半。虽然市面上有现成的萝卜粒，不过最好还是买外型完整的条状，品质较易掌握。选购色呈土黄、手按压还带点弹性与湿度者，味道较浓郁。

- 鸡蛋最好挑新鲜的常温蛋，当天购买当日使用，如果冰在冰箱过夜后再使用，蛋的含水量会变高，在制作菜脯蛋时容易冒泡，易使外型变得不光滑。

小贴士

- 许多师傅在煎菜脯蛋时会一直旋转锅子，其实并不需要，主要的关键在放入蛋的时间点。蛋会在锅内整个扩散，只要用筷子快速收边、把菜脯分布均匀即可。
- 最好选用中华铁锅，方便蛋聚集在中央。
- 刚开始可先从两三颗蛋做起，等成功率变高后，再慢慢增加至五颗蛋。

AoBa 餐厅副主厨李汉斌：

想做出好看又好吃的菜脯蛋，油量不能少，火要够大，说来简单，却需要经验不断揣摩。蛋本身吸油速度快，火如不够旺，蛋就比较容易吸附油汁；但油温过热又会使菜脯蛋表面焦色。这是一道需要不断练习才能掌握诀窍的菜。

03

讲究糖化的
煎猪肝
欣叶餐厅版

材料（四人份）

粉肝 150 克

沙拉油 1/3 锅

【调味料】

A．白胡椒、太白粉、香油各少许

B．米酒 1 茶匙、酱油 1/2 茶匙、
　　白糖 1 茶匙、白胡椒少许

C．香油 1/3 茶匙

【配菜】

香菜末 3 克

萝卜干少许

一准备工作一

1. 将新鲜猪肝背面上半部的白色筋膜切除干净。

2. 用清水不断清洗约5分钟，拿起来时猪肝不再滴血水即可，之后以厨房纸巾拭干水分备用。这个步骤目的在于使猪肝内的血水尽出，煎出来的猪肝较不易黑硬。

3. 猪肝切成约一巴掌长、约0.3厘米厚。太薄容易熟透而变柴，也缺乏口感；太厚则容易外熟内生。

做法

1. 将片好的猪肝与调味料A混合。

2. 将猪肝放入约150℃热油锅，以大火炸约15秒，捞起备用。

3. 另备一干净炒锅，放入调味料B，加热至冒泡，再放入炸过的猪肝，用大火翻炒。待酱汁收干，起锅前加入香油即可。

4. 盛盘时放入香菜与萝卜干。

大厨选材

■ 猪肝可挑选表面光滑、无暗沉斑点者，手按压盈满有弹性为佳。

小贴士

■ 铲动次数越少越好，像欣叶做法是连锅铲都没用，光靠甩锅就让猪肝沾附上酱色。一般人或许无法如此专业，但避免过度翻铲是守则。

■ 猪肝切法以直切为宜，厚度得以均一，若采片法就容易上下厚度不一，会影响烹煮时品质的一致性。

欣叶餐厅忠孝店主厨陈靖益：

　　想学好这道菜少说要两三年时间。猪肝煎出来变黑就代表油过热、火过大，所以一下就焦了；若颜色淡就代表油温不够，抓粉无法附着在猪肝上。光用看的，就知道煎猪肝好不好吃。

04

少油小火煎香肠
高雄汉来饭店福园版

材料（三人份）

香肠 3 条

沙拉油半茶匙

做法

1. 香肠室温下解冻。

2. 如有弯曲状香肠，可放在砧板上用手搓滚呈直条状。

3. 平底锅添油开小火，放入香肠。

4. 以铁夹不断翻动，再以牙签在香肠四周戳几个小洞，让油汁流出。

5. 待上色即可。

小贴士

1. 将香肠整为直条状，方便后续油煎时，香肠不会固定受热在同一角度。

2. 用铁夹的好处是翻动较方便。

高雄汉来饭店福园主厨孙文昇：

  有些人煎香肠会先蒸再煎，不过直接煎就很香了。在香肠身上戳洞，流出来的猪油汁又能再与油煎香肠起作用，香上加香。

05
虾汤浓郁的担仔面
台南度小月版

材料（一人份）

黄面 75 克

肉臊 10 克

豆芽菜适量

【调味料】

乌醋 3 ～ 5cc

蒜泥 2 克

香菜 少许

—准备工作—

〔熬制虾汤〕

材料：

虾子 20 只、洋葱半颗、水适量。

做法：

1. 将虾头捣碎，加入洋葱与适量的水，以小火熬煮4小时。

2. 以细网筛过滤杂质，单取清汤备用。

3. 其余虾身去壳、留虾尾，氽烫备用。

〔豆芽菜〕

将豆芽菜放入冷水中浸泡约4小时，中途换一次水，使其去豆腥味。

做法

1. 水煮滚后，将面放入氽烫约30秒。

2. 当面略浮起时，同时放入豆芽菜，约10秒后捞起备用。

3. 以烫面水烫碗，使碗身保持热度。

4. 将面盛入碗中。

5. 在面上撒上香菜。

6. 淋上加热过的肉臊。

7. 浇上虾汤。

8. 添入乌醋、蒜泥。

9. 最后摆上白虾即可完成。

小贴士

- 香菜尽量保留茎部，茎才有丰富的香气，叶子则适合装饰用。

- 肉臊的熬煮较费时，可直接购买市面上现成的肉臊罐头加工制作；台南度小月担仔面门市也提供肉臊罐头。

台南度小月担仔面新创事业部总策划张赣铃：

    担仔面不是用来吃饱，而是吃巧，早年的分量约只有现在的五分之一，不过很神奇的是，真的是愈小碗愈好吃，因为美好就在于那意犹未尽的感觉。

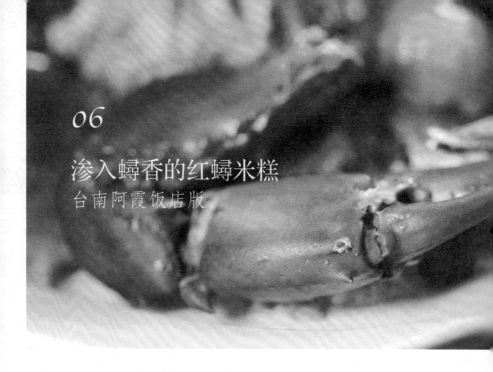

06

渗入蟳香的红蟳米糕

台南阿霞饭店版

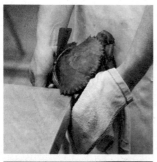

材料（六人份）

红蟳 1 只

糯米 600 克

猪后腿绞肉 150 克

干虾米 75 克

油葱酥 75 克

香菇丝 40 克

卤过花菇 1 朵

干贝丝 40 克

鸭蛋黄 2 颗

蒸熟软花生少许

【调味料】

猪油 75cc

酱油 150cc

高汤 75cc

盐 40 克

米酒、糖、黑胡椒粉各少许

—准备工作—

- 避免夜长梦多，红蟳最好现买当日食用。回到家后，准备一桶冰水，将红蟳放入。水桶最好有点高度，可防止红蟳越墙而出；冰块则可将红蟳冻晕，不至于动作过大，较好进行后续的处理。

- 若你觉得宰蟳很有成就感，就开始进行你的千秋大业吧！别怪我没提醒你，红蟳被撬开了壳、斩断了螯，肢体仍会爬动。但洗头不能洗一半，一旦开始就得撑到最后。

〔红蟳〕

工具：

剁刀、烹饪用剪刀、水桶、冰块、旧牙刷

做法：

1. 撬壳：利用厨房的边角或家中坚硬的支点，对准红蟳两眼中间的壳尖处，像开米酒瓶盖般往下压，蝤壳就离身了。

2．剪绳：左手靠近蟹脐下方，右手持剪，慢慢剪开绳索。

3．剪除蟹肺：白色如菊花瓣者为蟹肺，内有细孔，是螃蟹用来过滤细沙等杂质，也容易暗藏细菌，需仔细摘除。

4．摘下蟹脐。

5．剪除蝤壳内的裙边。

6．剪除口器。

7．清洗蝤壳：外壳表面沾附许多细菌，可用旧牙刷刷洗，壳内也用清水略为冲净，蝤黄并不会因而滑落。

8．剪开蝤壳：呈扇形般的蝤壳十分坚硬，一边锯齿状，一边平滑，对准锯齿边缘的中心点剪开，再将蟹壳对折，便能轻易一分为二。

9．剁螯与拍螯：蝤最结实顽强的就是一对螯，剁下螯脚后，顺着螯脚弧度、倚靠剁刀的重量拍裂螯壳。

10．四分蝤体：对准双边各两只蟹脚横切一刀，再朝正中央纵切一刀。如果先纵切再横切，蟹黄容易散落。

11．最后清洗：螯的前端、蝤脚关节转折处容易暗藏细菌，以水刷洗干净备用。

〔米糕〕
将长糯米泡水 2 小时，蒸 20 分钟。

做法

1．猪油热锅，将香菇丝、虾米、绞肉用中火炒 5 分钟，待肉熟后，依序加入酱油、盐、油葱酥、米酒、高汤、糖、盐与黑胡椒粉，继续拌炒 1 分半钟至熟料上色。

2．将炒好的熟料倒入蒸熟的热糯米中，加入花生并用饭匙拌匀。

3．将干贝、红蟳、花菇、鸭蛋黄依序放至熟料糯米上，置于盘上蒸煮
20 ～ 30 分钟即可上桌。

大厨选材

■ 红蟳又称"青蟹"，本地人称"蟳仔"，为交配过的雌蟳，蟹脐上尖下圆，
带有棕黄色，市价一斤约 250 ～ 280 元。雄蟳称为"菜蟳"，蟹脐尖瘦，
偏白色，市价一斤约 350 元。未交配过的雌蟳称为"处女蟳"，俗称"幼
母仔"，蟹脐上尖下圆，偏白色，市价一斤约 500 元。市面上想要找到野
生的红蟳愈来愈难，大部分都来自养殖，蟳养殖场多在台湾南部。许多
人都觉得养殖的红蟳有不好的气味，因此有的店家会仰赖进口，像阿霞
饭店就直言是使用进口的野生红蟳。

■ 要挑选好品质的红蟳并不容易，专家总建议要将红蟳对准光源，阴影多者
表示蟹黄丰美。但此做法并不实际，因为市场里光源不足，自备手电筒也
不见得能辨其阴影的虚实，而且行径怪异还可能遭鱼贩白眼。

挑选时一般首要原则是必挑活蟳，至少可确保新鲜。但想要不只活捉且要
有活力，就得拎着绑绳，检查最后一对蟹脚是否如婴儿般奋力踢动；嘴边
若开始吐白泡，就代表体态已经虚弱了。

其次，挑选重量一斤左右的红蟳，通常足供四到五人食用，拿起来手感
沉甸甸者为佳。一斤以上的红蟳不是不好，而是买到的几率不高，数年
前渔民捕到一只一点八斤的红蟳，就被当作新闻上报了。虽说现在一年
四季都吃得到红蟳，不过秋天的红蟳还是最为肥美的。

■ 挑好了红蟳，最好请鱼贩协助处理，一来可免于身陷杀蟳困境，二来鱼贩
杀了蟳，一翻两瞪眼，蟳黄若不够饱满，虽无法退货，至少还能再砍砍
价，亡羊补点牢。

如果看见蟳膏带绿色，那还是卵，只不过蟳在被捕捉前吃了海藻，使得蟳黄卖相不佳。遇到这种情况，稍微泡一下水，颜色便会稍微退去。

- 米糕选用的是长糯米，长糯米外形尖长、偏软黏，适合用来做咸食；圆糯米外形短圆，黏度比长糯米弱，适合用来煮甜粥，如米糕糜。红蟳米糕的比例是一斤蟳配一斤长糯米量为佳。

小贴士

- 如果是自己处理红蟳，剁刀与烹饪用剪刀是必须的，一般厨刀或文具用剪刀难以对付红蟳，还可能会损坏刀具。
- 在拌炒米糕熟料时，放料虽无一定的先后顺序，不过酱油要一开始就放，这样其他炒料才容易上色。
- 刚开始无法掌握火候时，建议可以红蟳与米糕分开制作，两者都可单独成为一道菜。等各自练习得差不多、火候掌握得宜时，再着手进行"红蟳米糕"，可降低失败率。
- 鸭蛋黄与花菇可放可不放，不过若要仿正宗的阿霞版就少不了。

阿霞饭店传人吴健豪：

　　混合熟料与糯米时，要像拌寿司醋饭般用切的，才不会破坏糯米的完整。最后再戴上透明手套，用手感检查一遍，用手指捻开埋藏其中的疙瘩状的糯米团。记得用热糯米，糯米冷掉后就不容易拌开，此阶段的重点就是耐心与一点力道。

07
一味罐头定乾坤的鱿鱼螺肉蒜锅
欣叶餐厅版

材料（十人份）

台湾芹菜梗 500 克

蒜苗 7 根

阿根廷干鱿鱼含须 1 片（片体约 35 厘米）

南海食品螺肉罐头 1 罐（300 克）

日本花菇 10 朵

里肌肉片 150 克

红萝卜片少许

高汤 1800cc

【调味料】

淡色酱油 2 茶匙

胡椒粉少许

糖 1/4 茶匙

番薯粉适量

做法

1. 芹菜切段、蒜苗斜切，均约 4 厘米长，粗略过炒。
2. 鱿鱼剁宽 1 厘米、长 5 厘米大小，过油沥干备用。
3. 螺肉将汁与肉分开。
4. 花菇切块状，过油。
5. 肉片加淡色酱油、番薯粉、胡椒粉、糖抓过，过油沥干备用。
6. 将芹菜、蒜苗放置锅底，其余各项依喜好排列锅内，最后螺肉至于正中央。
7. 高汤加螺汁调味煮滚，倒入螺肉锅内。
8. 续煮 20 分钟即可食用。

大厨选材

- 既然是一味罐头定乾坤，这一味"螺肉罐头"就得要买对才行。购买时认明是有三十年以上历史的日本制"双龙牌"（市价 230 元／270 克）。迪化街的店家说被仿冒得太严重，所以后来就改外包装，价格是一般螺肉罐头的两倍。

- 买螺肉罐头第一步可以先摇一摇，有的没螺汤，光螺肉，这种就比较适合用来做下酒菜，像"金钱牌"（市价 130 元／ 260 克）。欣叶餐厅则是用"南海牌"（市价 120 元／ 420 克）。

欣叶餐厅行政总主厨陈渭南：

　　干的螺肉或鱿鱼螺肉蒜，后来都成了酒家菜里的料理。这锅汤品在冬天品尝，尤其搭配浓度高的烈酒享用，风味更佳。

08
火候利刃伺候的乌鱼子
真的好海鲜餐厅版

材料（五人份）
米酒少许
乌鱼子1付
沙拉油少许

做法

1. 如果是冰过的乌鱼子，应先取出放置室温下约
   2～3小时，与室温同即可。
2. 用厨房纸巾或棉花蘸米酒，抹在乌鱼子上。
3. 剥去乌鱼子外层薄膜。
4. 平底锅上抹一层薄沙拉油。
5. 将乌鱼子放置其上薄煎，等发出嗞嗞的声音，
   代表可以翻面。

6. 两面均煎出外层香酥后起锅，挑选利刃切片
   即可。

小贴士

■ 一般餐厅为了节省成本，会切得又薄又大片，如果是在家自己食用，可以切得稍微有厚度，这样才能吃到乌鱼子外层香酥、底心黏糯弹牙的口感。

■ 另有酒煮法乌鱼子，平底锅里放少许米酒或高粱酒，再将乌鱼子平放入锅，酒高不盖过乌鱼子，双面皆煎煮一下，等酒挥发完即可起锅。

真的好海鲜餐厅烧烤主厨柯仪渊：

　　乌鱼子的烹调，最重要的是薄煎的过程中要注意火候，火过大容易使得乌鱼子表面焦了、但里头的香气却还未尽出，火过小又会使表面不够香酥。不过平常大家也是偶尔才有机会吃到乌鱼子，因此时间点的拿捏可凭靠干煎时"滋滋"声当作信号，代表可以翻面了。

材料（四人份）

青蚵 300 克

蒜苗 100 克（白色与绿色各半）

干荫豉 15 克（湿荫豉也可）

【调味料】

酱油膏 70cc

糖 3 克

姜 5 克

辣椒 3 克

米酒、香油与白胡椒粉各少许

—准备工作—

■ 蚵仔要挑选花边色黑、蚵肚饱满明亮的，如果
  蚵仔白浊而无色泽则欠佳。采用"飘挑法"清

洗蚵仔，将蚵仔放入清水中，不能用手胡搅，要使双手呈爪状左右来回拨弄，检查有无碎屑。如果时间充裕，可一颗颗检查，触摸蚵仔花边处（栉状鳃），有时会有嵌在其中的碎蚵壳。之后将检查过的蚵仔置于另一干净盆内，倒除脏水再重新注入清水，如此来回共清洗五次左右即可。

做法

1. 煮一锅滚水，将蚵仔放入锅中氽烫，约5秒后捞起沥干备用。

2. 蒜苗切成颗粒状备用。

3. 起一油锅，将蒜苗（白色部分）、姜末、辣椒放入拌炒。

4. 加入干荫豉一起拌炒。

5. 加入蚵仔，这时不能用力翻动，动作要轻柔，持锅轻轻晃动。

6. 加入酱油膏、米酒、糖、胡椒粉。

7. 加入蒜苗（绿色部分）再稍微拌炒，洒入少许香油即可起锅。

海霸王旗舰店副主厨庄正仲：

　　荫豉蚵仔要美味最重要条件就是蚵仔要新鲜，还有蚵仔洗净后要沥干，最重要的是绝对不能勾芡，这才是美味的关键。蚵仔本身就会出水，拌炒的过程不能放水，即使米酒也只能加少许，用来去腥提味。

10

存其味不见其形的瓜仔肉

青叶餐厅本店版

材料（一人份）

猪绞肉（五花肉）110 克

酱冬瓜 14 克

荫瓜 7 克

咸大黄瓜 7 克

熟咸蛋黄 1 颗

鸡高汤 50cc

【调味料】

A. 米酒、白糖各 5cc

B. 米酒、白糖、淡味酱油各 5cc

【器具】

杯状或碗状物 1 个

玻璃纸（用于避免蛋黄与杯底沾粘，视容器大小

而定）1 张

做法

1. 将苈瓜、酱冬瓜、咸大黄瓜用调理机绞碎。
2. 将绞好的材料与猪绞肉、调味料 A 混合搅拌。
3. 将容器底部放置一张玻璃纸，放入对半切的咸蛋黄，再填入步骤 2 的食材，可用汤匙蘸水把填料压平。
4. 鸡高汤与调味料 B 混合后浇在瓜仔肉上。
5. 放入蒸笼蒸约 25 分钟即可。

小贴士

- 选择倒扣出来后形状漂亮的模型，玻璃纸只要能填满杯底大小即可。
- 绞肉要尽可能填平，这个步骤关乎瓜仔肉倒扣出来的底座是否平稳。

青叶餐厅本店主厨郑尧旭：

　　我第一次吃瓜仔肉是在厨房里，那时才十八岁，看到瓜仔肉刚蒸出来真的很香，忍不住就偷吃了一个，真的很好吃，这是一道做法简单又下饭的餐厅菜。

11
配料繁多的五柳居
蓬莱排骨酥版

材料（五人份）

黄鱼 1 尾（840 克）

洋葱 1/4 颗

葱 2 根

红萝卜 1/8 条

咸菜 1/6 颗

辣椒少许

姜块（或萝卜块）1 个

【调味料】

A. 海山酱、白醋、甜辣酱、番茄酱各半杯、糖 1/4 杯、水 2 杯。

B. 沙拉油半锅（得以浸过鱼身为准）、太白粉、番薯粉、香油少许。

做法

1. 将黄鱼由鱼身中央开始下刀，笔直切下后见骨就朝鱼头方向横切而不断，接连数刀。翻至鱼的另一面，同样切法。

2. 将鱼嘴塞上萝卜块或姜块，鱼身裹太白粉与番薯粉，不需抓捏鱼身，只要用粉轻轻覆盖即可。

3. 起油锅，油炸时一手抓住鱼尾、一手扶住鱼背，将鱼头先行入油锅，接着鱼身与油面平行地浸入油锅中，以油温160℃热油油炸。

4. 感觉鱼身有变轻的浮上感时，便把鱼身捞起，独留鱼头继续炸，因为鱼头体积较大且复杂，需要多一点时间油炸。炸妥后置一旁备用。

5. 起一新锅，放入油爆炒洋葱，直到变软呈米色后，依序放入红萝卜丝、咸菜丝、辣椒丝稍微拌炒，加入调味料 A。

6. 以太白粉水勾芡，投入葱段与滴上数滴香油。

7. 将勾芡好的汤汁浇在炸好的鱼身上即可。

8. 记得将鱼嘴的姜块或红萝卜块取下，以免露馅。

小贴士

- 裹粉要同时具备太白粉与番薯粉，太白粉可使外皮酥脆且肉片不易断裂，番薯粉可以增加弹性口感。

- 鱼在切片时，一面的下刀处须与另一面不同位置（稍稍错开），否则在油炸过程中，鱼身容易折断。

蓬莱排骨酥第三代传人陈国彰：

　　许多鱼都可以选来制作五柳居，油炸时可先在鱼嘴塞入立方体的姜块或红萝卜块，作用是将鱼嘴撑开定型，这样上桌的鱼看起来就像在微笑。

12

敢煮透白醋的凤梨苦瓜鸡
锦龙土鸡城版

材料（六～八人份）

大白苦瓜 1 条

台东斗鸡半只（约 1.5 公斤）

新鲜凤梨 110 克

【调味料】

小鱼干 20 克

凤梨豆酱 55 克

酱冬瓜 55 克

做法

1. 大火将水煮滚。

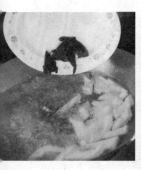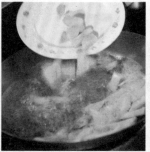

2. 苦瓜、新鲜凤梨切成适口大小。

3. 将苦瓜、小鱼干、酱冬瓜、新鲜凤梨依序放入滚水中。

4. 待水再度滚开后，放入剁好的鸡肉与凤梨豆酱。

5. 待鸡肉熟透即可上桌。

小贴士

■ 待水滚后再放鸡肉，否则渣会较多。

■ 不需要再放盐，因为凤梨豆酱与腌冬瓜本身都有咸味了。

锦龙土鸡城老板吕添传：

　　凤梨苦瓜鸡用的凤梨有两种，一种是新鲜凤梨、一种是酱凤梨，要两种搭配才能使这道菜风味有层次感，而且上桌后还要用小煤气炉继续煮、汤头才会越滚转浓。

13

工序重于一切的客家炒肉

鹤山饭馆版

材料（五人份）

红葱酥半碗

干鱿鱼 1 只

五花肉 600 克

长葱 1 根

【调味料】

A．米酒 200cc、酱油 100 cc

B．米酒、酱油各 50cc

C．米酒、酱油各 5cc、糖 1 小匙

一准备工作一

〔干鱿鱼〕

1．干鱿鱼泡水一夜后，撕去薄膜。

2．由鱿鱼正中央沿直线剪开，再纵向平行横剪

成段。

〔五花肉〕

1. 五花肉汆烫过备用。

2. 除去猪皮。

3. 根据五花肉一层肥一层瘦的纹理，一层层横向片开来，剔除带骨处。

4. 按照猪肉纹理斜切成如手指细长的猪肉条。

5. 把肥肉与瘦肉分装两盘。

〔长葱〕

葱分葱白与葱尾，分别切段装盘，两者长度须与鱿鱼一致。

做法

1. 肥肉下锅爆香至出油，将肥肉捞起，爆出的猪油另外盛装。

2. 用上一步的猪油爆炒鱿鱼，加入调味料 A 的米酒继续拌炒至鱿鱼吸收酒气。

3. 沿锅缘加入调味料 A 的酱油，焖炒至收汁捞起备用。

4. 用猪油爆炒瘦肉，炒至边缘定型。

5. 加入红葱酥、肥猪肉、鱿鱼丝续炒。

6. 加入调味料 B 煮出香气来。

7. 以小火焖炒 20 分钟后捞起备用。

8. 以猪油爆香葱白部分，直到炒出葱焦香味，加入步骤 7 刚炒好的食材中。

9. 再加入葱尾稍微拌炒。

10. 起锅前再加入调味料 C。

小贴士

- 鱿鱼有它的纹路，不能无序乱剪，不然在炒的时候会产生卷曲变形。
- 每样食材都要爆香过，最后再放在一起炒，工序很重要，每个步骤都不能偷懒。
- 苗栗一带客家人的做法是不加猪皮，早年若加猪皮会被长辈骂。
- 传统做法不加糖，但现代人不喜欢吃太咸，加一点红糖可中和咸味。

鹤山饭馆负责人刘瑞霞：

　　第一次吃到客家小炒是奶奶炒的，吃到时就觉得很香很下饭，很多小孩子不吃葱，我却反而喜欢吃葱，因为葱咬起来特别的香。以前是有客人来家中才会有这道菜，没客人上门几乎是吃不到的。

14

加了蛋酥才正宗的丝鲁肉
宜兰渡小月版

材料（十人份）

香菇 4～5 朵

大白菜 600 克

瘦肉 600 克

鸭蛋 3 颗

葱 2 根

沙拉油半锅

高汤 800cc

红萝卜、香菜、辣椒、扁鱼屑各少许

【调味料】

胡椒粉少许

酱油少许

【工具】
漏勺

做法

1. 制作蛋酥：鸭蛋打成蛋汁，热锅热油，使用漏勺离锅略高处，让蛋汁顺网洞而下，遂入油锅内，蛋便结成颗粒状，再将其捞起沥干备用。

2. 香菇、瘦肉、红萝卜、辣椒均切丝；葱切段、大白菜切条状备用。

3. 起油锅，约一根分量的葱段爆香，再放入大白菜、扁鱼屑炒香。

4. 接着加入400cc的高汤，开大火让食材充分吸收高汤，再撒入胡椒粉。

5. 另起一锅，放入少许沙拉油与另一根葱段炒香，再放入瘦肉丝、香菇丝、红萝卜丝与辣椒丝拌炒。

6. 加入酱油、胡椒粉与400cc的高汤，改转小火煮。

7. 将步骤6的食材倒入步骤4的汤品中。

8. 起锅后撒上蛋酥，最后点缀上香菜即可。

小贴士

■ 肉丝特别要炒熟，否则后续制作时不容易散开，会黏成一团。

■ 做蛋酥特别要注意油温，油温过热会变黑，油温不够蛋酥会黏在锅底，同样也很快就会焦掉。

宜兰渡小月负责人陈兆麟：

坊间许多都是写"西鲁肉"，但这是发音的讹误，真正应该是"丝鲁肉"，因为菜色里的每样料都是呈丝状。丝鲁肉最重要的就是蛋酥，要选用鸭蛋而不是鸡蛋，在宜兰多以鸭蛋取代鸡蛋。宜兰养鸭全台闻名，丝鲁肉与蛋糕都是鸭蛋做的，用鸭蛋做出来的蛋酥才会色泽够黄、气味够香。

注 释

[1] 黑柿番茄，番茄的一种，由荷兰人经印尼引进台湾，是台湾最早的番茄品种。果实大，外皮薄，呈翠绿色，略带红色。台湾传统上将它当成蔬菜使用，可以煮汤或炒蛋，也可以做成番茄切盘。

[2] 度小月，即度小月担仔面，担仔面品牌之一。其缘起、传承在后文"切仔面与担仔面"中有详细描述。

[3] "八八究责，灾民淹水我吃粥。薛香川：抱歉！"，2009 年 8 月 26 日，东森新闻。

[4] 若无特别说明，本书出现的价格均为新台币。

[5] 《告别的年代：情深意重一鸡蛋》，1994 年 7 月 8 日，《联合报》34 版，乡情。

[6] 《西北航空本土化服务，机上推出中式餐饮》，1993 年 7 月 6 日，《民生报》19 版，消费新闻。

[7] 《马英九的饭盒》，1999 年 2 月 11 日，《联合晚报》17 版，春节吃喝特刊。

[8] 《西瓜跌得最惨，主妇垂青牛肝》，1967 年 5 月 21 日，《经济日报》03 版，市况。

[9] 《选菜要够台，粉肝摘下熏花枝》，2001 年 4 月 27 日，《联合报》A05 版。

[10] 即"品尝到好吃的东西，一定要告诉别人"之意。

[11] 《蔡武义涉贿选案再传六十名证人》，2002 年 3 月 12 日，《联合报》20 版，云嘉南综合新闻。

[12]《那段日子，海上逐乌金》，2002 年 1 月 21 日，《联合报》21 版，乡情。

[13]《台湾蚵较 Q，纸肚戳就破大陆蚵松软，整粒是白的》，2006 年 10 月 22 日，《联合报》A6 版，生活。

[14] 即指私房菜。

[15]"奇摩子"是台湾网络用语，原本是日文中的"气持"（kimochi），心情、感觉、情绪等意。"奇摩子爽"即"心情好"。

[16]《"酒"逢知己，税加"成半"》，1964 年 4 月 9 日，《联合报》03 版。

[17] 酒家部分：（1）一年纳税总额 100 万元以上，营业面积 500 平方米以上，列为甲级，课征年费 30 万元。（2）一年纳税总额 50 万元以上，营业面积 300 平方米以上，列为乙等，课征年费 20 万元。（3）一年纳税 20 万元以上，营业面积 100 平方米以上，列为丙等，课征年费 15 万元。（4）一年纳税未满 20 万元，营业面积未满 100 平方米，列为丁等，课征年费 10 万元。（"酒家酒吧许可年费，警局订定分级标准"，1973 年 1 月 18 日，《联合报》07 版）。

[18] 酒家：甲级每家年缴新台币 150 万元，乙级每家年缴新台币 100 万元，丙级每家年缴新台币 75 万元，丁级每家年缴新台币 50 万元。（"北市议会通过提案特定营业许可年费新年度起提高五倍"，1974 年 6 月 27 日，《经济日报》02 版）。

[19]《调整筵席娱乐税案，议会三读通过》，1976 年 1 月 22 日，《联合报》06 版。

[20] 酒家：甲级 450 万元、乙级 300 万元、丙级 250 万元、丁级 150 万元。（"特定营业许可年费盼准分季缴纳"，1979 年 11 月 16 日，《联合报》07 版）。

[21]《食饱吂》p.110。

[22]《食饱吂》p.42。